あにまるず

Animals

大家族は毎日やることがたくさん！

あにまるず Animals 監修

お散歩

近くの河川敷で、犬のお散歩。
天気の良い日は、開放感があって、
とっても爽快！
スタンダードプードルの
ショコラは大きいので、
これくらい広い場所がピッタリだね！

えーし大好き♡

気持ちいい〜♪

肩に乗る

あいるんの肩の上で、リスザルのナッツはお食事。ここがいちばん安心できる場所

ごはんの時間ですよ~

おいしそう…

えいっ!

食べていい?

今日はこれで
おしまい

おやつタイム

あいるんから直接もらう、大好きなおやつ♡

ペロペロ…
大満足☆

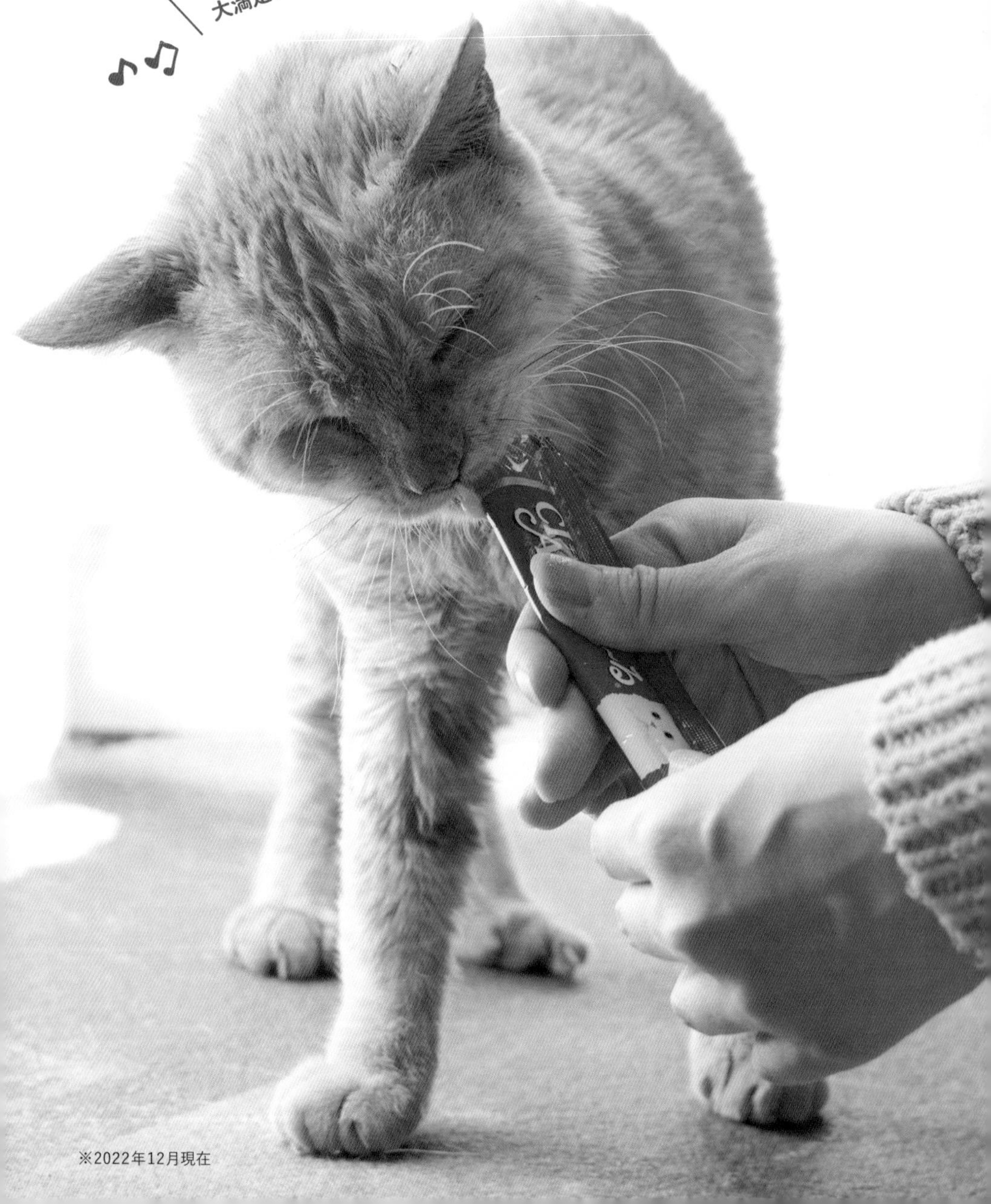

※2022年12月現在

仲良し♡

ヤギのコルクとヒツジのウールはとっても仲良し。いつもじゃれ合っているよ！

始めるよ！
せーの…！
クルッ！
クルクルッ！
クルッ！
ごほうび
ちょうだい！
モグモグ♡

上手に
まわれるよ！

おまわり

ミニブタのつくねは、おまわりが上手！ ほめられるから、いっつも得意そう☆

うさぎとかめ

ケヅメリクガメのノッコとジャイアントのオセロ、タルトがお庭を散歩中

どなたさん
でしたっけ？

ジャンプ！

オグロワラビーのポッケはジャンプが得意！ ぴょんぴょん跳ね回ります

お風呂

寒い日や雨の日は、
内風呂にザブン！
ササーッと水浴び

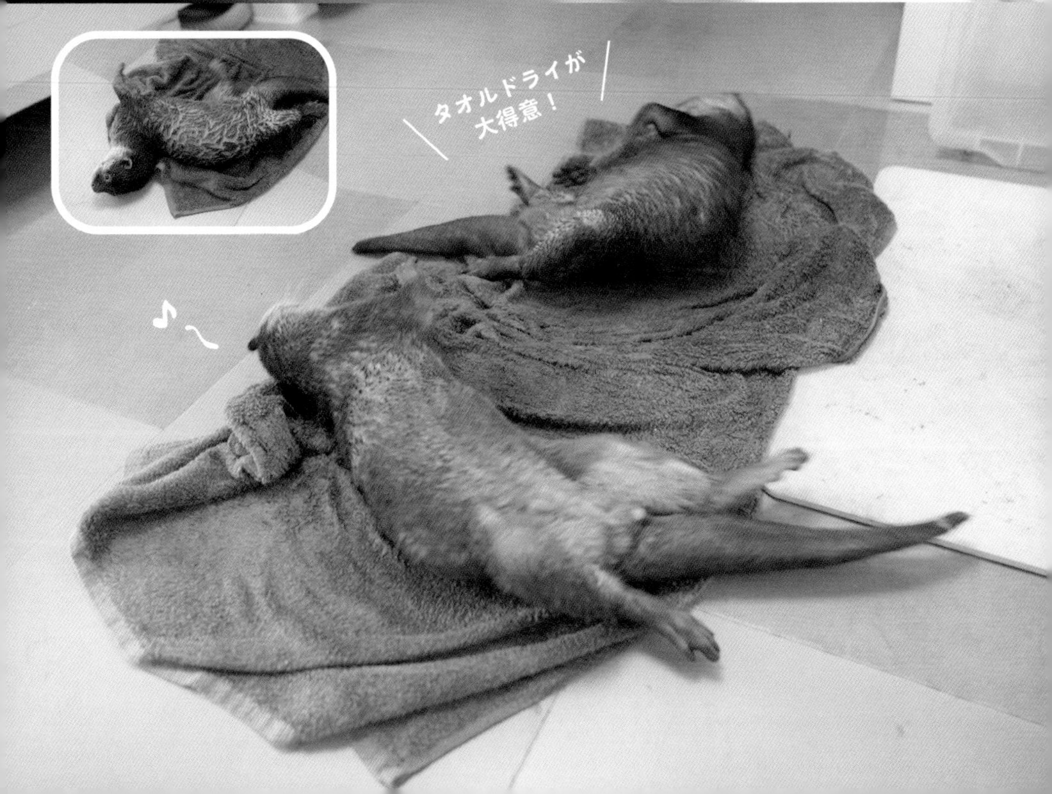

CONTENTS

Chapter 3

Chapter

1

こんな動物たちと暮らしてみたい

2022年12月現在の“あにまるず”
1人ひとりのプロフィールです。
30種近い動物たちと
あいるん＆えーしを紹介します。

動物系YouTuber
“あにまるず”です！

チャンネル登録者数64万人超えを誇る“あにまるず”。
動物系YouTuberのなかでも
多種多頭飼いの先駆者。動物たちとの
にぎやかで楽しい毎日を配信中♪

ようこそ、
“あにまるず”へ！

あいるん

株式会社あにまるずの社長。夢は“令和の女ムツゴロウになる”こと。

えーし

社長を支える敏腕社員。夢は“動物にやさしい世の中をつくる”こと。

動物好きが高じて とうとうユニット結成！

あいるんとえーしは、中学時代の同級生。かつて動物の癒しの力によって救われたことがあるという共通点で意気投合し、一緒に活動をスタートしました。犬や猫、魚などはもちろん、一般的にはちょっと珍しい〝エキゾチックアニマル〟と呼ばれる動物たちとの暮らしぶりを、2016年からYouTubeチャンネルで配信しています。

2018年には神奈川県横浜市で動物カフェもオープンし、動物たちとの癒しの空間を提供してきました（新型コロナウイルスの影響で現在は休止中）。

草食も肉食も
勢ぞろい！
ノソノソ…

動物たち

2022年12月現在の“あにまるず”の愉快な仲間たちを紹介していきます！　全員が幸せに暮らせるよう、むやみやたらと飼わないようにしているそう。

動物が
た〜くさん♪

理想的な環境で楽しくにぎやかな毎日

現在は広い敷地を擁する事務所兼住居で、総勢35匹の動物たちとともに共同生活中です。

エキゾチックアニマルは野性が強く、人に懐きにくいのですが、〝あにまるず〟の動物たちは生まれたときから愛情をたっぷり注がれているので、とっても人馴れしているのが特徴。

さまざまな事情で〝あにまるず〟で暮らすことになった動物たちは、あいるんの献身的なお世話で元気に明るく暮らしています。その様子を多くの人に見てほしいと、えーしは日々の動画制作に励んでいます。

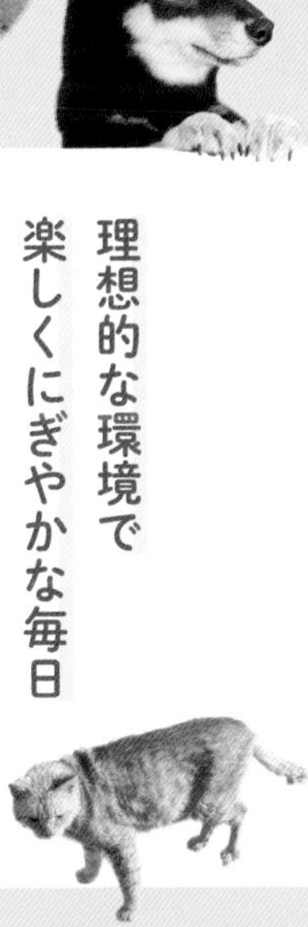

ノッコ　ケヅメリクガメ

世界で3番目に
大きいんです！

体長
約70cm

リクガメのなかではゾウガメに次ぐ大きさに成長します。その美しさにえーしがひと目惚れし、“あにまるず”に迎えました。ゲーム好きのあいるんが国民的ゲームに登場する亀のノコノコから着想して“ノッコ”と命名しました。爬虫類YouTuber対抗カメレースで2連覇中の俊足が自慢！

Spec

性別　オス

年齢　6歳

チャームポイント
恐竜みたいな足や重厚なフォルムが超かっこいい！後ろ足のつけ根にある鱗のようなケヅメも魅力的。

“あにまるず”では、性別はあまりきちんと調べません。
大きさや性別、あるいはなにか障害があっても、それはそのコの個性だと捉えています。

ぽんず

スッポンモドキ

Spec

性別 不明

年齢 推定1歳半～2歳

チャームポイント

ブタのような鼻、スッポンみたいな皮膚、ウミガメに似た体つきと、唯一無二のユニークな見た目。

えーしさんが
大好きです

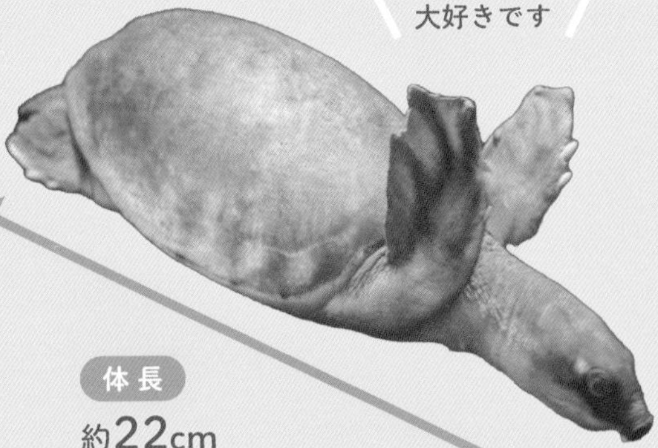

体長 約22cm

スッポンもどきだけどスッポンほど気性は荒くありません。えーしのことが大好きで、近づくと動きに合わせて泳ぎます。寝るときは片足だけ水槽ガラスにくっつけるんだって！

かぼちゃ

アルダブラゾウガメ

Spec

性別 現時点不明

年齢 0歳（11か月）

チャームポイント

ちょっとビビりで、すぐ物陰に入りたがるのに、甲羅が引っかかってジタバタしちゃう☆

多甲板だけど
それも個性

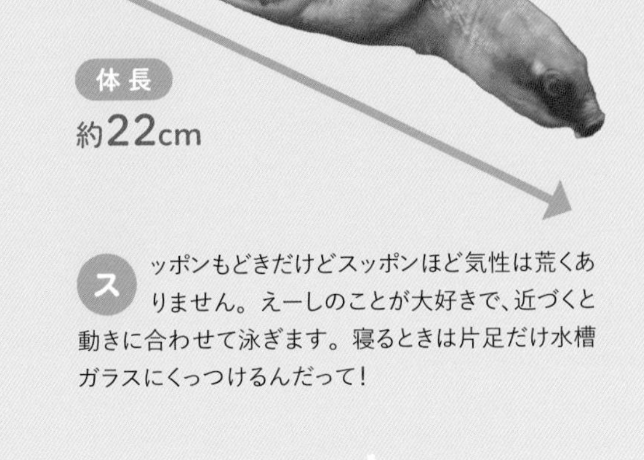

体長 約37cm

甲羅のプレートが1枚多い“多甲板”といわれる奇形ですが、“あにまるず”では「個性があってイイ！」と超ポジティブ。将来はかなり大きくなるけど、今は野球のボールくらいの大きさ。

トマト

レッドテグー

慌てず騒がず
の～んびり

体長
約85cm

名前の由来は、赤みを帯びた体色。よく熟したトマトのようなカラーです。自切なのか、何か事故があったのか、しっぽと指の爪が取られてしまっていたコを、“あにまるず”の仲間に迎えました。なんと、動物病院でも「おそらく、もう生えてこないだろう」といわれていたしっぽを再生した奇跡のトカゲでもあるのです！ 特技はどこでも眠れること。

Spec

性別 不明

年齢 推定3～4歳

チャームポイント
めちゃめちゃおだやかで動きもゆっくり。健康な生体である証のタプタプした二重アゴは触り心地バツグン！

たたみ

フトアゴヒゲトカゲ

上体反らして
バスキング♪

体長
約41cm

Spec

性別 不明

年齢 1歳半

チャームポイント
ひなたぼっこが大好きで、朝8時〜昼3時はバスキングライト※の下でのけ反りポーズ☆

※ 爬虫類の体温調整や新陳代謝を促すための日光浴ライト

わずか2cmのベビーからすくすくと成長！ 普段はボ〜ッとしているけれど、口を大きく開けて威嚇することも。

もやし

グールドモニター

細くて長いから
“もやし”です

体長
約110cm

Spec

性別 現時点不明

年齢 ??

チャームポイント
背筋をピンと伸ばして後ろ足としっぽで立つ“グールド立ち”が、恐竜っぽくってかっこいい！

レッドテグーのトマト（→P.20）と同じところにいたコです。最初は小さかったけど、現在は元気にすくすくと成長中！ 脱皮前は、水に入って自ら皮をふやかして、脱ぎやすくするんだって。

パイ

ボールパイソン

“一本脱ぎ”が
上手なのだ

体長
約110cm

爬虫類ファンのえーしでも唯一怖いと思っていたヘビだけど、その偏見を払拭してくれたコ。ショップで店員さんが楽しそうにハンドリング※しているのを見てひと目惚れ。「ヘビってこんなにかわいいんだ～♡」と、赤ちゃんだったパイを“あにまるず”に迎えました。ニシキヘビの仲間なので全長2mくらいに大きくなるかも!! 年3～4回ほど脱皮しますが、パイは皮を一本脱ぎするのが上手なんだって!

※生体をもったり触ったりしてスキンシップを取ること

Spec

性別 現時点不明(オス?)

年齢 推定6歳半～7歳

チャームポイント
ニシキヘビの仲間。性格はおとなしく、いつもボール状に丸まっています。クリッとした目がキュート♡

うどん コーンスネイク

白ボディに
神秘の赤目

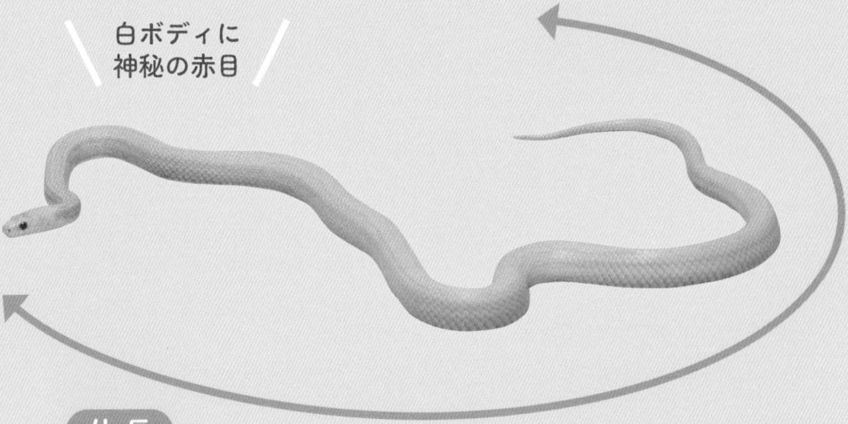

体長
約75cm

Spec

性別 現時点不明

年齢 1歳

チャームポイント
美しい純白ボディに神秘的な赤い目が魅力！ ペットシーツの下に潜り込んで過ごすことが多いビビりさん。

読んで字のごとく、名前の由来は白くて長くてうどんみたいだから。白いヘビは弁財天の化身といわれ、財運を呼び込むシンボルになっていますよ。まだ1歳のうどんはヘビの本能も相まって少しビビり。それでも最近は人前に出てくるようになりました。

ポッケ

オグロワラビー

育てのママは
あいるん♪

体長
約70cm

お母さんだけが先に引き取り先が決まってしまって、ひとりぼっちになってしまっていたところを“あにまるず”にお迎え。育児嚢（お腹の袋）から顔を出してすぐのタイミングで引き取り、あいるんが、手製のお腹袋を24時間身につけて人工哺育！ 順調に成長し、今ではえーしにケンカを売ってくるほどのやんちゃぶり。一度のジャンプで約4mも移動します。後ろ脚としっぽでバランスよく立つ姿にキュン♪

Spec

性別 オス

年齢 ??

チャームポイント
ハンパない跳躍力で庭を跳ね回るやんちゃ者。ごはんを両手でつかんでハムハムッと食べるのがかわいい！

たわら

ケープハイラックス

こう見えても
ゾウの親戚

体長
約41cm

Spec

性別 オス

年齢 ??

チャームポイント
アニメキャラのようなスマイルフェイスと米俵っぽい寸胴ボディが愛くるしいけど、鋭い牙もチラリ☆

生後1か月のベビーのうちにお迎えしました。当時はミートボールくらいの大きさだったけど、こんなに大きくなりました！ 見た目はネズミっぽいけどDNA的にはゾウの親戚です。上あごに立派な牙があります。頭が良く、ごはんが気に入らないと食器をひっくり返すことも。

しゃもじ

コツメカワウソ

内弁慶の
王子様☆

体長
約50cm
+
20cm
（しっぽ）

Spec

性別 オス

年齢 4歳

チャームポイント

“あにまるず”をバズらせた立役者のひとり。甘噛みを覚えないやんちゃ君だけど、人懐っこくて愛嬌たっぷり！

キゾチックアニマルカフェ「コツメイト」（→P.108）からやってきて、一躍“あにまるず”のNo.1アイドルに。コツメカワウソは「種の保存法」で保護対象種に指定されているので、しゃもじにも国際希少動植物種登録票が付与されてます。泳ぐのが大好きだから、お風呂や裏庭のプールで一日おきにスイミング。泳いだあとはタオルの上をスライディングしてセルフドライ！

コメ

コツメカワウソ

体長 約49cm+19cm（しっぽ）

しゃもじ君と
相性良し♡

Spec

性別 メス

年齢 推定2〜3歳

チャームポイント

ごはんを上品に食べる優等生キャラ。男の子を立てるやさしい性格で、しゃもじと相性ばっちり！

しゃもじのお嫁さん候補として「コツメイト」からやってきた女のコ。特技は泳いだあとのセルフドライ。広げたタオルの上を勢いよくスライディングして、お腹を上手に拭きます♪

オセロ

チェッカード
ジャイアント

お目めは
ハート模様♡

体長
約56cm

Spec

性別 オス

年齢 2歳

チャームポイント
目のまわりの斑がハート形になるのがチェッカードの特徴。背中にスッと入った一本筋もイカす！

名前の由来は、白×黒だからオセロ。ウサギは常にごはんを食べていないと腸内環境が悪くなるので、いつ見ても無表情で口をモグモグ……。

タルト

コンチネンタル
ジャイアント

機嫌が悪いと
足をダンッ！

体長
約56cm

Spec

性別 オス

年齢 ??

チャームポイント
ダンボみたいな耳が超かわいい♪ 普通のウサギの2倍ほど大きいけど性格は人懐っこくておだやか。

ごはんを補充するのをモタモタしていると、後ろ足を床にダンダンッと叩きつけてアピール。“足ダン（スタンピング）”といって、ウサギ飼いにはおなじみのアクションなのだとか。

コルク ヤギ

四角い瞳が印象的☆

体長
約150cm

体が小さくて群れからはぐれてしまいがちだったところを“あにまるず”が引き取りました。人懐っこく、玄関先に誰か来ると小屋の中から愛嬌たっぷりに覗いてきます。ヤギの目の特徴は横に伸びた四角い瞳孔ですが、コルクの瞳もそう。どこを見ているのかわからなくてミステリアス！ 病気知らずの健康体で、ポロポロした良いウンチをします。庭の草もムシャムシャ食べるほど食欲旺盛♪

Spec

性別 オス

年齢 2歳

チャームポイント
明るく人懐っこい性格で、攻撃的なところを見せたことがない。ウールと寄り添い合って寝る姿にほっこり。

ウール　ヒツジ

人工授乳で
育ちました

体長　約120cm

コルクと同じところから一緒に“あにまるず”にやってきたウール。眠そうな目をしているけれど、実はバッチリ起きていて、遊んでほしいと頭から突進してきます。えーしもヒザを何度も狙われました！ ウールは遊んでいるつもりでも、決して不用意に背中を見せてはいけません。テレビ番組の企画で、ウールの毛を刈ってクッションをつくったときは、刈った毛を何度も洗いすぎてカチカチにフェルト化させてしまいました……。

Spec

性別　オス

年齢　2歳

チャームポイント

もと甘えん坊で、思春期からは武闘派(!?)。去勢してから落ち着いたけど今でも興奮するとヘッドバット！

体長 約65cm

クルマに轢《ひ》かれて瀕死だったところを“あにまるず”が救出。急いで動物病院へ連れていくと、下半身の複雑骨折、膀胱の破裂がわかり、余命3日と宣告されました。そのほか、右前足にも骨折が自然治癒した痕があり、重篤なウイルスに感染していることも判明。「生きてほしい！」との願いを込めて、あいるんが“ライフ”と名づけ、懸命に看病しました。それに応えるかのようにどんどん元気になっていくライフ。そのたくましい生命力でみんなに深く愛されています。

Spec

性別 オス

年齢 推定10歳

チャームポイント
ちょっとふてぶてしい顔はシビアな環境で生き抜いてきた勲章！ お客さんが来るとスリスリして甘えます。

※2022年12月現在

ライフ 猫

日ごと元気になっています！

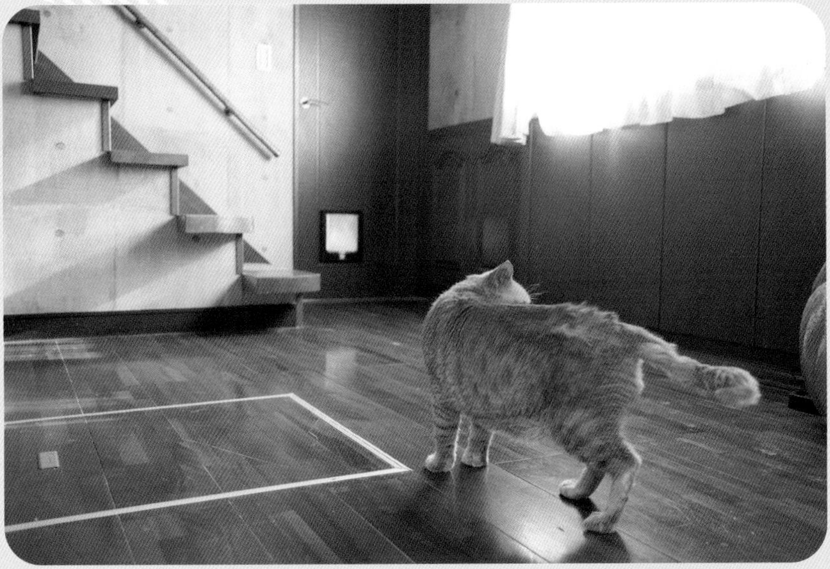

折れていた骨は奇跡的に固定だけでくっつき、膀胱破裂も自らのかさぶたでふさいで完治！

視力は衰えてきているけれど、食欲旺盛で快便&快尿。のんびり気ままに幸せな毎日♪

ショコラ

スタンダードプードル

あっという間に
大きく成長！

体長 約87cm

「犬を飼うなら絶対にスタンダードプードルがいい！」という、子どもの頃からの夢を叶えたあいるん。ビターチョコみたいなグレーがかった褐色の被毛なので“ショコラ”とお菓子系でネーミング。今のところはアメリカンスタイルで自由に育てています。何にでも興味をもち、何でもかんでも引きちぎり、パピー※らしさ全開で暴れまくり♪ 庭で遊ぶときはノーリードでストレスなく走り回っています。

※幼少期の犬のこと

Spec

性別 メス

年齢 6か月

チャームポイント
お目めをキラキラさせながら気持ちを伝えてくる！ パピー期ど真ん中の好奇心旺盛＆やんちゃな暴れん坊。

おはぎ

柴犬

漆黒ボディに
美麗なタン

体長
約62cm

ショコラの遊び相手を探していたタイミングで、偶然出会ったコ。ケージの間から鼻先を出して、あいるんの手のひらに乗せてきたものだからイチコロ！ えーしもマズル（口のまわりから鼻先）がシュッとした犬が飼いたかったから同意したのだそう。まわりの状況を一歩引いて見ていて、ショコラが無駄吠えしていても冷静です。ショコラと仲良く遊びますが、おもちゃの引っ張り合いでは負けん気を発揮☆

Spec

性別 メス

年齢 10か月

チャームポイント
まろ眉みたいなタン（斑点模様）が映えまくりの美人ちゃん♡ ショコラ先輩に一歩譲る奥ゆかしさも魅力。

もなか

ミーアキャット

（写真右）

母親にかじられて尾切れしていたコを引き取りました。後ろ脚だけで上手に立つミーアキャットらしいかわいいしぐさも上手です。1歳〜1歳半は、思春期で大荒れ!

体長 約26cm+5cm（しっぽ）

Spec

性別 オス

年齢 4歳

チャームポイント
人間を警戒しない天然キャラ。ヒザの上に乗って「なでて〜♡」とアピールする甘えん坊さん♪

空気が読める
しっかり者
人に甘えるのが
上手です♪
きなこ
もなか

きなこ

ミーアキャット

（写真左）

Spec

性別 メス

年齢 4歳

チャームポイント
危機管理能力が高く、冷静に行動するしっかり者。自分を安売りしないクールビューティな女のコ！

体長 約26cm+10cm（しっぽ）

もなかと一緒に“あにまるず”の一員になりました。別血統だけど、もなかのことは異性と見なしておらず、ファミリー感覚で仲良くしているようです。

ナッツ

リスザル

あいるん
大好き！

体長
約45cm＋
25cm（しっぽ）

Spec

性別 オス

年齢 推定3歳

チャームポイント
大きなお目めが愛くるしい、あいるん大好きッコ♡ で、あいるんの肩に乗ります。頭のフォルムがカシューナッツみたいだから“ナッツ”と命名されました。

“あにまるず”で引き取ったときはガリガリに痩せていて、ストレスで毛も抜けていたそうです。ひどく怯えていたので、あいるんは自分のベッドの脇にケージを置き、目の高さをそろえてお世話しました。その甲斐あってかすっかり元気になり、今ではあいるんの肩に乗ってごはんを食べるくらいリラックス。最近、ヘアゴムパッチンを覚えて仕掛け、あいるんが痛がると「大丈夫?」って感じで首をかしげるんだとか。

つくね ミニブタ

99kgまでは“ミニ”ブタ！

体長
約108cm

あいるんが「某ゲームのプーギーみたいなコと暮らしてみたい！」と、かねてから思っていたところを譲っていただいたコ。お迎えしたときは手のひらサイズで300gしかなかったのに、2年あまりで今の大きさになりました。とてもキレイ好きだから、トイレも決まった場所でします。知能も高くて「マテ」や「オスワリ」ができるけど、体への負担が大きいから“あにまるず”では「オテ」は教えていません。「おまわり」も得意♪

Spec

性別 オス

年齢 6歳

チャームポイント
温厚な性格で、名前を呼ぶと鼻タッチでご挨拶！ 庭に出すと永遠に鼻掘り（鼻で地面を掘る）しています。

ねぎま

コールダック

“あにまるず”で
孵化したよ

Spec

性別 オス

年齢 2歳(まもなく3歳?)

チャームポイント
真っ白ボディ×黄色いくちばしがドナルドダックみたい♪ 換毛期には鼻の穴に羽毛を詰まらせがち。

体長 約37cm

卵を譲り受け、26日間、孵《ふ》卵《らん》器《き》で温めて孵《かえ》したコ。ちょっと人見知りで、育ての親にも結構な塩対応!「お風呂の水、張ったよ～」の声で喜びをあらわにします。

そぼろ

コールダック

かけっこなら
負けません

Spec

性別 オス

年齢 まもなく1歳?

チャームポイント
コールダックにしては珍しい柄。動物系YouTube対抗「全日本アヒルレース選手権」では優勝☆

体長 約40cm

ねぎまと同じく、“あにまるず”で孵化させたコ。人懐っこい性格で、誰にでも愛情表現(くちばしでコチョコチョつつく)を見せます。潜水が得意で5秒ほど潜っていられるとか。

がんも

ベンガルワシミミズク

Spec

性別 オス

年齢 推定6歳

チャームポイント

温厚で動きもゆったり。お腹が減ったときや人が近づいたときに「ウェ〜イ」とパリピっぽい声☆

体長
約41cm

ごはんのときは
小走りです

つくね(→P.36)と共に動物カフェ時代を盛り上げたアイドル的存在で、お客さんに手乗りサービスもしていました。ごはんを見せると飛ばずに小走りで近づいてくる姿がたまらん!

オレオ

アフリカオオコノハズク

Spec

性別 不明

年齢 3歳

チャームポイント

鮮やかなオレンジ色の目が魅力的。普段はとても物静かで、ごはんのときだけ「フェ〜」と声を出す。

体長
約22cm

病気知らずの
健康優良児

生後1か月の、まだ雛のときから育てたコ。まるで猫みたいに掃除機の音が苦手。何か気になる音が聞こえると体を木の枝みたいに細〜くするのは、隠れているつもりなんだって!

カカオ

メンフクロウ

Spec

性別 不明

年齢 推定8〜9歳

チャームポイント

酸いも甘いも知り尽くした、シニアならではの味わい深い顔つき。堂々とした風格で置物のように佇んでいる。

体長

約27cm

まるで置物みたい！

河川敷で放浪していたところを保護され、“あにまるず”へ。翼を広げると60cmほどありますが、保護した頃から、すでに羽根がボロボロでした。今はすっかり元気を取り戻しました！

ラスク

メンフクロウ

Spec

性別 不明

年齢 1歳

チャームポイント

頭が良くて、よく懐く。えーしは最初、顔が苦手だったけど、飼ったらものすごくかわいくなったんだって！

体長

約30cm

あいるんはボクの顔が好き♡

雛のとき、“あにまるず”にお迎えしたコ。もともとメンフクロウの顔が好きだったというあいるんが、はじめて雛のときから育てた結果、人懐っこくてかわいいコに成長しました♡

姫路の公園で
巣から
落ちていたの

体長 約29cm

「巣から落ちて動けなくなっているカラスの雛がいる」との情報があり、姫路まで車で迎えに行きました。羽根がボロボロなのは先天性の脱毛症だから。脚も曲がっていて枝などには止まれませんが、自ら工夫して立とうとするなど、生きる力にあふれています。とても賢くて、くちばしで「ここに置いて!」とごはんを置く場所を指示するんだって! あいるんには甘えてくるのに、えーしには「お前じゃない」って態度を取ることもあるようです（苦笑）。

Spec

性別 推定メス

年齢 推定1歳

チャームポイント
ハンデに負けず懸命に生きている姿が健気。あいるんが「さーちゃん」と呼ぶと「アー」とお返事します♪

ささみ カラス

スキンシップは、ささみにとって大切な時間。あいるんは触れ合いながら、くちばしの状態なんかもチェックしているんだって。

おしゃべりが上手なの♡

甘えん坊で、とってもおしゃべり。あいるんのマネをして「あお～ん」といったりします。

タンク

ケープペンギン

えーしの声が
好きなのだ

体長
約52cm

生後2か月の幼鳥でお迎えした、ケープペンギンのタンク。ペンギンと暮らすなんて夢みたい。初めて触れ合ったときはそのモフモフ感に衝撃を受けました! 名前の由来は、フォルムが貯水タンクみたいに寸胴だから。えーしの声質がお気に入りで名前を呼ぶと求愛してきます♡ 次の換毛期が成鳥になるタイミング。施工に1か月かかったプール つきの部屋で暮らしています。

Spec

性別 オス

年齢 1歳

チャームポイント

フリッパー（翼）が小さめでかわいい。えーしが「タ～ンク」と呼ぶと「ウェ～」と興奮気味に反応！

パルア

ケープペンギン

ペコルと一緒
うれしいな

体長
約33cm

Spec

性別 オス

年齢 0歳（？か月）

チャームポイント
名前を呼んでもスーンと塩対応するときあり。くちばしとフリッパーで攻撃してくるのがめちゃくちゃ痛い！

ペコルと同時期に生まれ育った男のコ。大の仲良しだったので、引き離すのはかわいそう、ということで一緒にお迎えしました。将来はペコルとペアになる予感！

ペコル

ケープペンギン

タンク兄貴の
妹です

体長
約32cm

Spec

性別 メス

年齢 0歳（？か月）

チャームポイント
タンクと同血統だから顔も似ている!? 甘えん坊のかまってちゃんで、人が来るとすぐ近づいていく。

ペンギンは群れで暮らす動物なので、タンクにも仲間が必要と思っていたところ、タンクと同血統で女のコ、つまり妹が生まれたのでお迎えしました。パルアと四六時中べったり♪

ベタロウ

ベタ

Spec

性別 **オス**

年齢 ??

チャームポイント

オーロラのような色彩と輝きを放つボディ、泳ぐたびにヒラヒラなびくヒレが優雅で美しいかぎり。

体長 約5cm

特殊な呼吸器官をもっているタフなコ。ベタのオスは、ヒレが長く体も大きいのですが、ベタロウもご多分にもれず、美しい姿をダイナミックに披露♪ 動画編集の時間に癒しをくれます。

“あにまるず”の
癒し担当

ほうとう

シルバーアロワナ

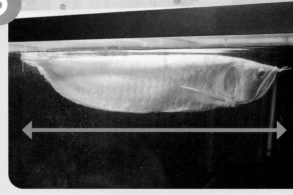

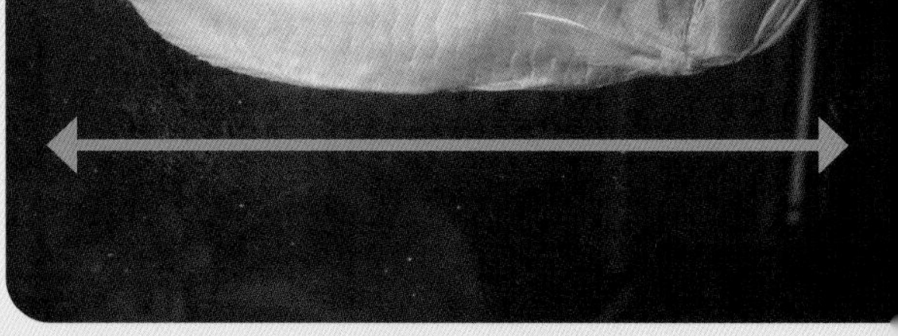

Spec

性別 **不明**

年齢 **推定3〜5歳**

チャームポイント

普通のアロワナは気性が荒いのに、ほうとうはのんびりマイペース。悠々と泳ぐ姿は癒しそのもの。

体長 約40cm

ぽんず（→P.19）と同じ水槽で暮らしています。片目が垂れていてとってもキュート！　名前の由来は平べったくって長くて、ほうとうみたいだから。

Chapter 2

“あにまるず”の日常

大家族の“あにまるず”はいっつも大騒ぎ！
たくさんの動物たちは、
それぞれどう暮らしているの？
詳しく見せてもらいました。

“あにまるず”
事務所兼住居、大公開！

“あにまるず”の事務所兼住居は、庭も母屋も、とっても広い！
さまざまな動物があいるんと共に暮らしています。

“保護した”
ライオンが
お出迎え

お風呂（1F）

水鳥が泳ぐお風呂。
人間も使います。

プール
洗濯機
お風呂
フクロウ
フクロウ
リビング
WC
雑食系哺乳類
草食系哺乳類
部屋
爬虫類
玄関
来客部屋
水鳥
キッチン
魚
犬
犬
2階
WC
2階
ミニブタ
羊・やぎ

一軒家を動物たちに合わせてカスタマイズ

広い庭と裏庭、2階建ての母屋と外づけの小屋。たくさんの動物たちとあいるんは、ここで生活しています。えーしとお手伝いのみずほくんは通いです。

猫のライフは気ままにあちこちを行ったりきたりするけど、基本的には動物たちそれぞれにお部屋があって、そこで生活しています。

こだわったのは、タンク（ケープペンギン）の部屋。タンクが泳げるプールが屋内にほしくて、押し入れを大改造！　キレイなブルーのプールをみんなで楽しく使っています。

リビング(1F)

お客さんと一緒に楽しめるリビング。

廊下(1F)

廊下を行きかう動物たち。ライフの日光浴もここ☆

哺乳類部屋(1F)

哺乳類たちはリビングから覗けます。

寝室(2F)

動物たちがあいるんを起こしにくる。

ペコルとパルアもここで成長中！

事務所(2F)

2階は事務所。動画の編集もここで。

デスク上には癒しのベタロウ。

※2022年12月現在

水場は豊富に

ペンギンやコールダックなどの水鳥のほか、
犬やカワウソなど、
“あにまるず”には泳ぐ動物がたくさん！
たまに、ノッコも参戦！

泳ぎたいコ、集合！ 広いプール、用意しました！

水場は全部で3種類。お風呂はもちろん、裏庭には大きなプールがあります。内プールはケープペンギン専用。タンクはもちろん、ペコルとパルアも入ります。

外プールと内プール、共にこだわったのは色。通常、防水剤を塗ると灰色になります。しかし、多少費用はかかっても、学校のプールみたいなブルーのプールで泳がせてあげたいと考えて色を混ぜてもらいました。

お風呂はここに住んでいるあいるんがねぎまやそぼろと一緒に入ることも！

人間と動物が同じシャワー、同じ浴槽を使って生活しています。

COLUMN

安全のため供養してふさいだ井戸

動物が思う存分、走り回れる広い庭。その隅には、なんと井戸がありました。そのままでは動物たちはもちろん、えーしとあいるん、みずほくんにとっても危険。そこで、水神供養をしたうえで、今はふさいでいます。この井戸は、いつか復活させる予定。水は、栓を外せば普通に湧きます。

外プール

もともと、古い社《やしろ》のようなものがあった裏庭。地鎮祭をきちんと行い、撤去したうえで、大きなプールをつくりました。ここでは水鳥のほか、カワウソや犬、ケープペンギンのタンクも泳ぎます。冬はプールの水が凍ることもあって、動物たちは「???」。

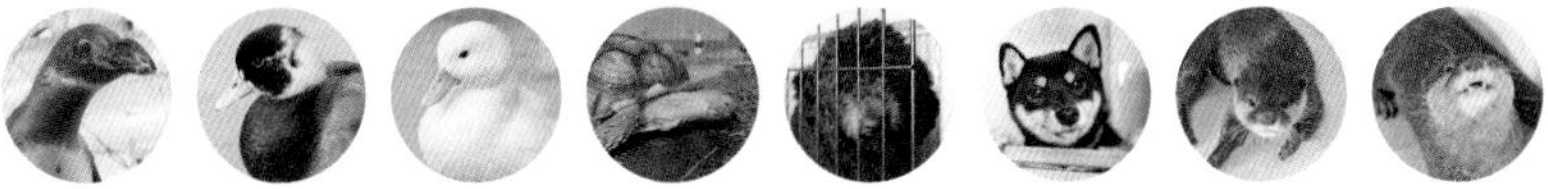

内プール

内プールで泳ぐコはペンギンたち。今まではタンク専用でした。ここは最初和室で、押し入れを取ったら床が一段下がっていたそう。そこでコンクリートと防水剤を塗って、水を入れることに。えーしが思い描いていた、理想のプールの完成です！

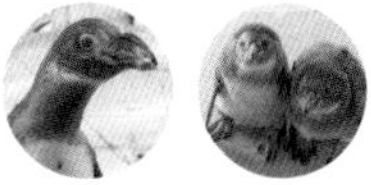

お風呂

あいるんは、動物たちと一緒のお風呂場を使っています。コールダックは、浴槽に浮かべたドライフードを水と一緒に摂取することもあるため、このお風呂の中で食事をすることも。1日中いられる、お気に入りの場所です。

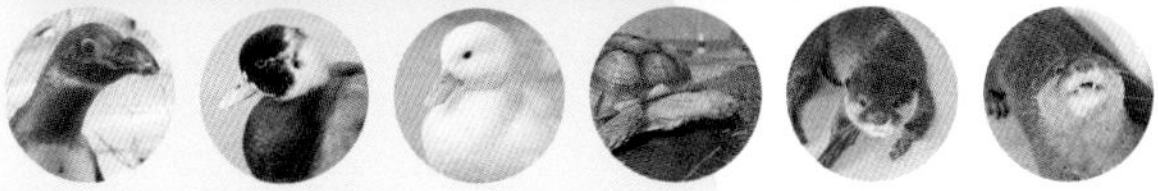

庭は動物たちの楽園

コルクとウールが走っているところにポッケが参戦！
動物たちが思い思いに過ごすさまは、まさに夢そのもの。やさしい光景です。

草を食べたり、走ったり 存分にできる夢の庭

えーしがこの物件を気に入った最大の理由が、この庭です。コルクが、ウールが、ポッケが、元気良く庭を走り回れるスペースが十分！ オセロやタルトとノッコが一緒にいると、まるで童話のような光景です。

庭には常に、草を生やしています。毎日の食事はドライフードを食べているコルクやウールですが、自生している草もおいしそうに食べます。

散歩になかなか連れ出せない動物たちも、庭が広ければそこでストレス発散できるはず。そう考えたのは大正解でした。草食動物たちは草を食べ、運動が必要なコは走り回り、動物たちがそれぞれ、思い思いに好きなことをして過ごしています。

ずっと“あにまるず”の一員

たくさんの動物たちと暮らしていると、どうしても“命”と向き合うことに。虹の橋を渡ったコは、ここで一緒に眠っています。

全員の幸せと楽しみのため

“あにまるず”全員が幸せに暮らすために、工夫をこらした庭。動物はもちろん、人間のことも（少しは）考えているのですよ☆

人間のための遊具

えーしお手製のボルダリング。敷地内に入ると真っ先に目に入る専用の壁は、“あにまるず”のシンボルのよう。

あいるんと動物たちのお城

部屋数が多い母屋。動物の種類別に部屋を用意し、それぞれのコに合わせて改築に改築を重ねました。

ヒツジのウールとヤギのコルクの部屋はここ。隣にはミニブタのつくねの部屋が。

爬虫類たちのお部屋

日光浴と温度コントロールが必須の爬虫類たち。
ヘビとカメ、トカゲたちが
一緒にいる爬虫類部屋を紹介します。

快適だよ〜！

苦手だったあいるんも メロメロの愛らしさ

実はあいるん、もともと爬虫類は苦手でした。好きになったきっかけは、ボールパイソンのパイ。お迎えした当初は、やっぱり何も食べなかったのですが、あるときあいるんがあげた餌を食べてくれたのです！　そこから爬虫類のかわいさにヤラれたあいるん。ノッコも一緒に暮らしたいとお迎えすることにしたくらい、大きなきっかけになったコです。

　レッドテグーのトマトは、当初断尾してしまっていました。獣医師にはもう生えてこないだろうといわれましたが、奇跡の新生・しっぽを確認！　えーしもあいるんも飛び上がって喜びました。

の〜んびり

COLUMN

爬虫類のことは仲間の鰐さんに訊け！

爬虫類たちのお部屋をつくるため、YouTuberの鰐さんが大活躍！　ケージにはバスキングライトを取りつけることもできます。ノッコの専用ケージも、鰐さんのほか、えーしと、やはりYouTuberのうさうずさんが協力して完成！　鰐さん、うさうずさん、ありがとうございます。

白いボディに赤い目

神秘的なルックスをしたうどんは、とても臆病。すぐにシーツに隠れちゃいます。

ズラっと並んだ爬虫類たち

まるで爬虫類専門のペットショップ！かっこいい爬虫類たちが勢ぞろい。

チャームポイントはあごのお肉

想像以上に大きなトカゲ。動きもゆっくりで、たいてい寝ています。

ノッコだけ！専用のケージ

部屋に入ると、ノッコがお出迎え。爬虫類には珍しくオープンスペース。

温度コントロール

常夏の部屋。入るともわっと暖かい。爬虫類は寒いのは苦手なんだって！

バスキングライト

日光浴しないと育たない爬虫類にとって、バスキングライトは必須。

窓に力、入っています！

たくさんの動物たちと暮らすには、覗き窓が必須。
ちゃんと目の届く範囲にいてほしいから、
たくさんの窓をつくりました！

いつも目の届くところにいてほしい

　動物たちが元気で長く生きられるよう、常に動物たちが見えるようにしたい――リビングからつくねが見える覗き窓のほか、雑食系動物の部屋、草食動物の部屋などには、廊下から覗ける窓が設けられています。

　大きな動物もいる〝あにまるず〟では、玄関から出すのが難しい場合もあります。そのため、母屋から直接庭に出せる大きな窓が設置されています。ここから、ポッケやタルト、オセロなどが庭に出られます。

　裏庭のプールに通じるドアも設置されています。コールダックとケープペンギンが主に行き来。わざわざ表から回るよりも、ずっと便利です。

雑食系動物たちのお部屋

ふっと覗くと、ミーアキャットやカワウソ、そしてリスザルが見えるかも。ここは開けっ放し、注意です。

ミニブタのお部屋

リビングの雀卓の椅子に座っていながらつくねを観察することができる。つくねの部屋はあいるん、大のお気に入り！

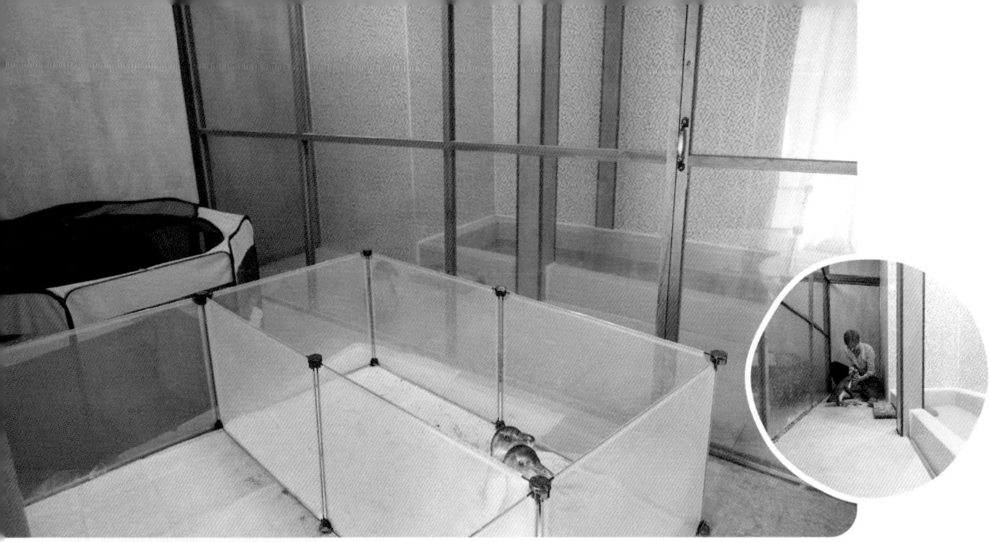

ペンギンのお部屋

えーし渾身のタンクの部屋は、パルアとペコルを迎えるため、準備中！

1階にはつくねの部屋のほか、リビングの扉を抜けたところに複数の部屋があり、移動しているときにもチラッと覗けるようになっています。リビングと廊下のあいだの扉には、ライフ専用のくぐり戸まであるのです。日向ぼっこしたいライフには、必要だね！

 ※2022年12月現在

将来の“あにまるず”

今でも十分に夢を叶えているように思えますが、
将来のビジョンもあります。
動物たちと、仲良く、長く暮らしていくために。

人と動物をつなぐ懸け橋になりたい

もともとは、エステサロン（エステティシャンはあいるん）が、〝あにまるず〟の原点。エキゾチックアニマルカフェ（横浜市）を経て、現在のYouTuberへと転身しました。

カフェをやっていたので、飲食店の営業許可証ももっている〝あにまるず〟には、ある将来のビジョンがありました。里親希望の人たちの話をじっくりと聞ける環境をつくりたい、というのがその１つ。そのための準備がリビングには見られます。

みんなで遊べる麻雀卓、あいるんご自慢のスロットマシン、お客様用トイレ。里親希望の人たちが話しやすい空間を目指しています。

保護したコたちをケアしたい

あいるんは、トリマーになるべく、今、絶賛お勉強中！ 写真は練習用のトリマー台。保護した動物をキレイにして清潔に過ごさせてあげたいという思いで勉強に励んでいます。

なんでもできる女・あいるんはギャンブルも強い！パチスロはもちろん、麻雀だってやります。動物好きな人と、“あにまるず”で楽しめる日は近い！

COLUMN

多種の動物を扱うには法律的な知識も必要

エキゾチックアニマルカフェを経営するためには、動物取扱業の資格が必要です。販売、保管、貸出、訓練、展示、競りあっせんの7種類があり、えーしはカフェの営業許可証のほか、5種類を所持。資格があればできることも増える、助けられる命も広がる。そんな思いで取っているそう。

“あにまるず”の お食事

かわいい動物たちは何を食べているの？
それぞれの餌やお食事シーンを見せてもらいました！
バリエーション豊富です。

動物たちの食事を紹介します！

総勢35頭の動物たちが元気に暮らしている〝あにまるず〟は、エンゲル係数がとっても高い！　動物たちが食べる餌だけで、月額にして15万円ほど、かかります。ちなみに人間たちの食費は、お世話のあいだにサッと食べるだけなので、月３万円いかない程度です。

中でも多くの動物たちが食べるのは、生野菜です。特に小松菜は、手に入れやすい値段のうえ栄養価も高く、万能です。ノッコやたわら、ポッケたちもたくさん食べます。

ポリシーとして生《いき》餌《え》は与えていません。偽善といわれても、そこは守りたいルールです。

COLUMN

生野菜だけで月額５万円！「道の駅」などで購入も

生野菜の買い出しは、お手伝いのみずほくんのお仕事。道の駅や農協などで仕入れています。月額にして5万円はかかるそう。ドライフードは栄養価が高すぎて肥満の原因になるため生野菜で調整しています。

ドライフード

“あにまるず”のドライフードは、もっぱら、ロイヤルカナン(→P.118)。ほかの餌に比べると割高ですが、そのぶん、動物の健康に配慮しています。ライフはこれで毛並みが良くなりました。

冷凍マウス

生餌は与えないポリシーなので、冷凍マウスや冷凍ヒヨコを与えています。猛禽類や爬虫類たちのお気に入りです。餌の日には朝から自然解凍。カチンコチンに凍っていたら、食べにくいもんね!

爬虫類たちのお食事

爬虫類は、飼っていてとても楽しい動物。
食べているときのノッコは笑っているように見えます。
幸せなんだね！

たくさん与えすぎると消化できない

消化器官が退化している爬虫類には、餌の与えすぎは禁物。先に食べたものが消化されるのを待ってから、次の食事の時間です。

あまり食事に積極的ではなかったパイはもちろん、〝あにまるず〟に来たときはもう少し太ったほうが良いようだったグールドモニターのもやしも、ひと口大の鶏肉や冷凍ヒヨコを根気良く与えていたら、いつしかしっかり食べるようになりました。

うどんはピンクマウスという毛の生えてない冷凍ベビーを食べます。

ノッコの食事はとっても豪快！小松菜を5束くらい、むしゃむしゃ食べちゃいます。

COLUMN

とってもカラフル！　リクガメ・ノッコのお食事

ケヅメリクガメのノッコ（→P.18）のお食事は、群を抜いて彩りが華やか。実は獣医師おすすめのドライフードが、とってもカラフルなのです。ただ、それればかりを与えすぎると、栄養価が高すぎて、甲羅が変形したり、異常成長したりすることも。そのため野菜もブレンドしているのだとか。

生野菜

小松菜はみんな大好き。ショコラとおはぎ、ライフを除いて、たいていのコたちが食べます。常時、だいたい、2〜3回ぶんの野菜をストックしておく必要があるため、買い物は、とっても大変!

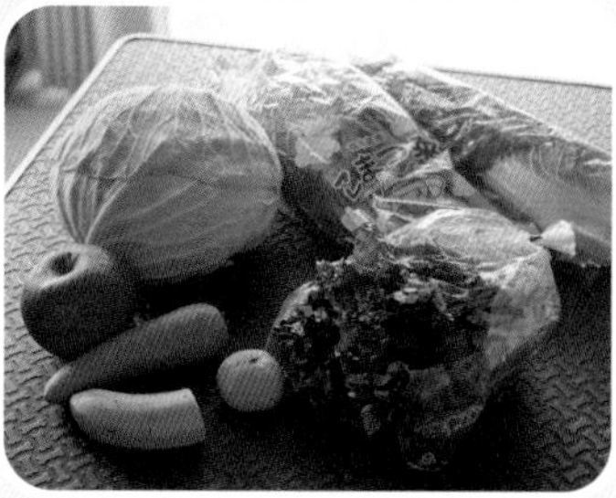

ノッコの
大好物♪

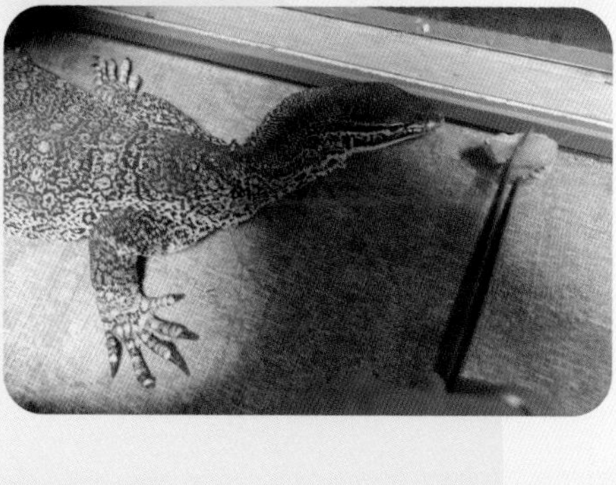

鶏肉

“あにまるず”の爬虫類は基本的に肉食。大好物は鶏肉。丸呑みするので、食べやすい大きさに切って、ピンセットで与えます。生の鶏肉を噛み切る力は絶大。手であげて指を間違って噛まれてしまったら、大変なことになるので十分気をつけて。

カワウソたちのお食事

“あにまるず”のカワウソは
コメとしゃもじの２頭。
コツメカワウソは肉食。川魚とドライフードを食べています。

たくさん食べてくれる食欲の優等生

カワウソは肉食なので、〝あにまるず〟では、川魚やキャットフードをあげています。

しゃもじは男のコらしくガツガツ食べるけど、コメは食べ方もキレイ。残さず、急がず、きちんと完食してくれます。

ドッグフードではなくキャットフードを与える理由は、犬は雑食だけど、猫は肉食だから。同じ肉食同士、キャットフードを食べています。

カワウソは、噛む力がものすごく強く、凶暴です。餌を与えるときは、指を噛まれないよう、注意が必要。十分に気をつけて、事故が起こらないようにしています。凶暴な性質がある、と認識することが大切。

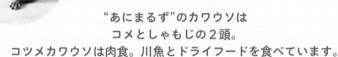

リスザルとミーアキャットのお食事

リスザルのナッツとミーアキャットのきなこともなかは、
だいたい同じものを食べます。
サルもミーアキャットも雑食で、何でも食べます。

そのコに合わせた食べ物を工夫

サルは木の実や果物を、ミーアキャットは果物のほかに肉も好みます。ドライフードも食べてくれますが、バナナやリンゴのほか、ときにはパンなどを加えて調整。そのコに合った食べ物を工夫しています。

ドライフードとバナナ、そしてパン。このメニューはある日のお食事、一例です。献立はその日によって違います。

きなこはクールビューティで、食べ方もスタイリッシュ。

ナッツはあいるんの肩に乗ったり、ケージから出たりして、手を使って食べます。その様子がとっても愛らしい！

犬たちのお食事

2階の仕事部屋に、犬用のケージを設置しています。
入っていくと、ふたりそろってジャンプして
歓迎してくれる様子がとってもかわいい！

何でも食べるコたちだけどドッグフードで統一

犬は肉食寄りの雑食だから、昔は人間の残飯などを与えていたこともあったようです。ただ、人間の食事は犬には塩分が多すぎて、健康に良くありません。そのため、ドライフードでしっかりと管理。おかげで2頭とも、すっごく毛並みが良い！

ショコラ用♪

おはぎ用♪

ドッグフードはロイヤルカナン（→P.118）で統一。犬種が違うので、ショコラとおはぎは、それぞれ専用のドッグフードを食べています。

ショコラは食欲も好奇心も旺盛。水もよく飲みます。勢い良く飲んだり食べたりするから、ケージの中はいつも大変！　おはぎはショコラ姉さんのはしゃぎっぷりに釣られつつも、やまとなでしこらしく愛嬌にあふれ、とってもおっとりしています。

猫（ライフ）のお食事

ライフのお食事も、基本的にはドライフード。
ご多分にもれず、猫用おやつも大好き！
本当に良く食べてくれるようになりました。

ドライフードがお食事 ときにはおやつも

魚のイメージが強いけど、猫は本来、肉食です。しかし、〝あにまるず〟では、ロイヤルカナンにして健康管理。「AGEING」という、12歳以上向きのドライフードをあげています。飽きないよう、ウェットフードもたまには、ね！

従来のキャットフードにはいろんなものが入っています。その点、ロイヤルカナンはオーガニック。ライフの毛並みもぐっと良くなりました！

こんなものも食べるよ！

ライフのお食事は、基本はドライフードですが、ウェットフードもたまに与えています。中でもペロペロなめとる猫用おやつは、大好物！ 夢中になってなめています。

 ※2022年12月現在

アヒルたちのお食事

“あにまるず”にいるアヒルは、コールダックという種類。
アヒルを品種改良したもので、コンパクトで愛らしく、
人気がとても高まっています。

お食事はドライフード ときにはお風呂で泳ぎながら

現代のドライフードはとても良くできていて、動物の健康管理について、よく考えられています。アヒル用のドライフードもちゃんとあって、メインの餌にしています。ねぎまとそぼろは、水の中でも食事をすることがあります。

水分も
キチンと☆

アヒルは水鳥なので、水の中が大好き。最低でも1日2回は水浴びを、といわれています。ねぎまとそぼろは、お風呂で食べることもあるよ☆

COLUMN

ねぎまとそぼろは泳ぎながらお食事

器に入れて、ケージで食べさせることもできますが、コールダックには泳ぐのはもちろん、水分補給も必要です。水がないと食べられないので、分けてしまうと大忙し！　お風呂で水浴びのときに与えると一石三鳥で、泳ぎながら水分補給しつつ、お食事もしちゃうのです。

ふくろうたちのお食事

ふくろうたち、猛禽類は、肉食です。
生餌は喜びますが、“あにまるず”ではポリシーとして与えていません。
何をどのくらい食べているの？

冷凍マウスや冷凍ヒヨコを活用

がんも、オレオ、カカオ、ラスクの4羽が〝あにまるず〟にいる猛禽類。がんもは大型種で、狭くなるとかわいそうだし安全上の理由からも、別の部屋で生活しています。食事は毎日ではなく、タイミングを見ながら、冷凍マウスや冷凍ヒヨコを与えています。

ピンセットでつまんで、顔の前へ。じっと観察したあと、パクっと噛みついてくるよ☆　人肉も食べるので、絶対素手であげちゃダメ!

COLUMN

えーしとあいるん、いちばんつらかったことは…？

“あにまるず”では、一貫して生餌を与えません。ただ、体も口も小さかったとき、食べやすい大きさに切ってあげないと食べられなかったので、冷凍マウスや冷凍ヒヨコをはさみで切ってあげていたとか。えーしもあいるんも、それをなかなか乗り越えられず、成長するまではつらい思いをしました。

ペンギンたちのお食事

“あにまるず”では、現在、ケープペンギンが３体生活しています。
お兄さんのタンクは先住ペンギン。
そこにパルアとペコルが加わりました。

4～5尾のアジを丸呑み

タンクたちは、基本的には海の魚を食べます。大好物はアジ。100尾程度仕入れておき、1尾丸呑みして食べます。1回に4～5尾、食べることもあります。ペコルとパルアも、最近、とっても上手に食べられるようになりました！

アジをはじめ、海魚は大好物。また、ペンギン向けのドライフードもあるのだそう。アジの口にくわえさせて、アジごと食べてもらいます。

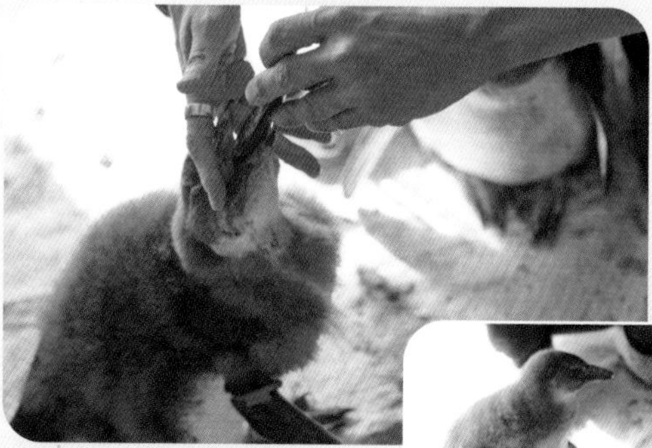

くちばしを人差し指と中指の間で支えてあげると、アジをするするっと流し込みます。ごっくんごっくん、上手に呑んでくれます！

タンクはえーしが大好き！ えーしが話しかけると、甘えて鳴くのだそう。

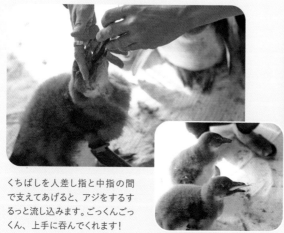

ウサギたちのお食事

“あにまるず”にいるウサギは、普通のウサギの概念を覆す大きさです。
とってもジャイアント！
いったい何を食べて大きくなったのでしょう？

大きいだけによく食べます

〝あにまるず〟にいるのは、コンチネンタルジャイアントのタルトとチェッカードジャイアントのオセロ。どちらも世界最大級といわれるジャンボラビットの仲間で、すっごくたくさん食べます。だから、餌代がとっても大変！

ウサギ用のドライフード2〜3種類をバランス良く与えています。

キャットフードなどと同様、毛玉ケアや乳酸菌など、健康に配慮したフードが。チモシー（草）と混ぜて召し上がれ！

ウサギは草食動物なので、庭の牧草もごちそう♡　まるで絵本のような光景。

ヒツジとヤギのお食事

母屋のとなりのトタンの壁の小屋で生活する
ヒツジのウールとヤギのコルク。ふたりはとっても仲良しです。
ウールの得意技は、頭突き！　けっこう痛いので要注意（笑）。

天気の良い日は庭でお食事

ヒツジもヤギも草食動物で、チモシーだけでなく、大きな葉っぱもむしゃむしゃ食べます。庭でのんびり、ウールとコルクが一緒にお食事をしている時間は、〝あにまるず〟にとって至福のひととき。草のほかに、ドライフードも食べます。

草（チモシー、牧草）とドライフードをバランス良く配合。消化を助けるために、ドライフードだけでなく草も食べてもらうことにしています。

うメェ〜！

ウールもコルクも、しっかり草を食べています。天気の良い日は、気持ち良さそう。2匹とも、とっても良い子だね！

広い庭で、ドライフードを食べることもあります。お外で食べると、いつもよりおいしいよね！

ミニブタのお食事

ミニブタのつくねは、チャンネル登録者のあいだでも、かなりの人気者！
ミニブタという名前の印象からすると、
結構小さそうだけど、実際はすごく大きい！

基本は雑食 何でも食べます

ミニブタのつくねは、雑食で、とっても食いしん坊。99kgまでは〝ミニブタ〟に分類されます。

基本はドライフードを食べていて、水も大好き。同じ器にたっぷりの水を加えて、いただきます☆　豪快な食べっぷりです。

ブタ向けのドライフード。結構小さい。たくさんの水と一緒に与えます。つくねは頭を突っ込んでがぶがぶ食べるよ！

ミニブタは与えたら与えただけ食べちゃうから、量をコントロールしています。もっと食べたいなー、といつも催促!?

ワラビー、ケープハイラックスのお食事

しっぽが黒いオグロワラビーのポッケと
ケープハイラックスのたわらは、だいたい同じものを食べています。
ポッケは、草食メイン。ドライフードは２匹共通です。

餌に関してはかなり移り気

ケープハイラックスは、ゾウの親戚。最初お迎えしたときはミートボール大だったたわらを、ミルクから育てました。食べるときはものすごく食べるけど、飽きるとふいっと顔をそむけるワガママな面も。ポッケは野菜がとにかく好き。白菜や小松菜などの葉物を好んで食べるそう。栄養は、総合栄養食であるドライフードで補っています。

COLUMN

あいるんのお腹で育ちました

ワラビーは、誕生日があいまい。お母さんのお腹の袋にはすでにいるんだけど、最初に外に顔を出した日が誕生日です。そういう意味ではポッケは、“あにまるず”で生まれたようなもの。ずっとあいるんのお腹のバッグで育てたので、ポッケという名前になりました。

カラスのお食事

カラスのさーちゃん（ささみ）は、
兵庫県のとある公園で巣から落っこちていました。
今はすっかり元気になって、あいるんとお話もするよ！

さまざまなドライフードをバランスよく混ぜています。健康状態は、日本ペット診療所（→P.121）で定期的に診てもらっています。

もりもりと、よく食べるようになりました！

食事は、ケープハイラックスのたわらや、ナッツと基本的に同じで、ドライフードと果物を食べます。人見知りで、人がいるところではまず食事しません。あいるんとえーしだけは、もちろん平気。しっかりおかわりも要求します。

COLUMN

今生きている命を救いたかった

ささみは、姫路のとある公園で巣から落っこちていたコ。同じ志の方が、保護したいのだけれど、カラス飼ったことないし、家には犬もいるし……と困って“あにまるず”に連絡をくれました。巣から落ちてしまえば淘汰《とうた》される、野良猫に食べられるのがそのカラスの運命だとしても、今生きているそれを見過ごしにすることはできない、そんなかっこ悪い人間になりたくないと、えーしは保護を決意。結果的にはあいるんに懐いて(笑)、幸せに生活しています。連絡をもらって、えーしとあいるんは姫路まで引き取りにいきました。そういうふたりの気持ちがささみにはしっかり伝わっているんだね！

動物たちのお風呂

人間（あいるん）とおんなじお風呂に
動物たちも入っちゃいます☆　毎日水に入らないとならないコもいるので、
動物が入れるお風呂は必須です。

普段の水浴びは お風呂を利用

お風呂に入るといっても、水鳥やカワウソたちは、体を洗うのではなく、楽しく泳ぐのが目的です。１日に2〜3回、気持ちよさそうに泳いでいます。

シャンプーするのは ショコラとおはぎ

一方、犬たちはシャンプーも必要なので、トリマーの卵であるあいるんがお風呂担当。ショコラを洗うのは、本当に大変そう！

ライフはいろいろケガや病気があるので、無理には洗っていません。少しでも元気でいられるようにいつも配慮しています。

お風呂に入るのは このコたち

おはぎ

しゃもじ

そぼろ

ショコラ

コメ

ねぎま

泳ぐときも 2匹一緒♡

とっても仲良しなコメとしゃもじ。「コメが男を立てるいい女だから」だと、えーしは考えています。日課の水浴びはお風呂で一緒に。ただ、カワウソだけどカラスの行水です(笑)。

ペット専用のドライヤー

ショコラは無理だけど、おはぎは入れます。普通のドライヤーは苦手だけど、これなら大丈夫というコもいるので“あにまるず”でも完備しています。ささみはあいるんが普通のドライヤーで乾かしてくれるのも大好き♡

大きなドラム式洗濯機が 2台も？

実は人間用、動物用と分かれています。奥が動物用、手前があいるん用です。たくさんの動物たちと過ごしていると、日々洗い物が本当に大変な量に☆ タオルをとにかくたくさん使います。

プールで水遊び

“あにまるず”の事務所兼住居には、
なんと裏庭が！
えーしとあいるんは、
そこに大きなプールをつくりました。

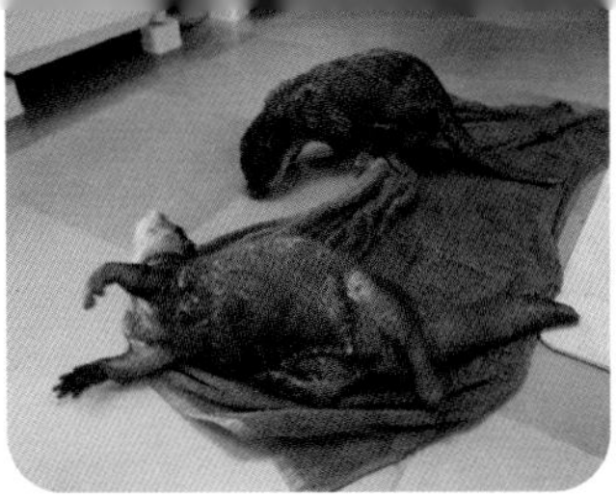

遊び終わったら
タオルドライ♪

外プールがあって本当に良かった♡

タンクの部屋（↓P.55）にはとってもこだわった、理想のペンギン部屋が完成した、とえーしはご満悦。そのタンクのお部屋のプールと同じ、きれいな水色に塗ってもらいました。夏はショコラやおはぎも水浴び。とってもにぎやか☆

内プール

押し入れを改造してつくったタンクのプールつきお部屋。かなり長い距離が取れました！　タンクも満足そう♡

外プール

庭にプールがあると、泳げない動物に危険が及ぶおそれもありますが、裏庭なら大丈夫。母屋とは勝手口でつながっていて、ここから出入りします。

夏が楽しみ♪

臭い対策と温度コントロール

たくさんの動物たちと暮らす“あにまるず”では、
その動物に合わせた部屋の温度コントロールを徹底しています。
臭いはある程度は仕方ないけど、こんな工夫も。

各部屋にしっかり完備

爬虫類は寒いと動けなくなるし、ペンギンはカビがとっても苦手な生き物。その動物に合った温度コントロールが必要なのです。

各部屋に温度計とエアコン、そして空気清浄機を完備して、ケアしながら生活しています。

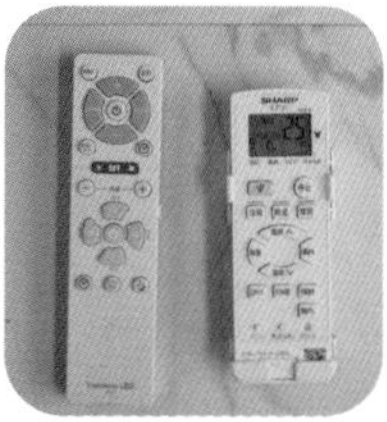

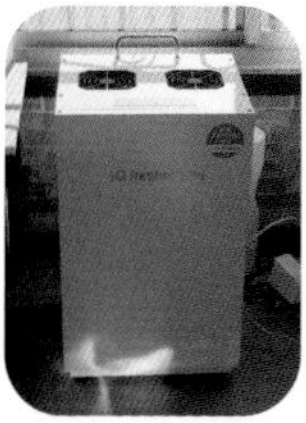

温度計でチェックしながら、すべての部屋を温度コントロール。爬虫類部屋は常夏。冬でもじわ～っと、暖かく感じる室温にしています。

COLUMN

空気清浄機は特別製！？

カビに弱いケープペンギンの部屋には、特別製の空気清浄機がど～んと置いてあります。実はこれ、視聴者さんの中に研究者がいらっしゃって、譲り受けたものなのです。「動物が大好きで、いつも見ています」とのメッセージもいただきました。

日課のお散歩

公園や河川敷が近くにあるなど、散歩の場所にも
恵まれています。ショコラとおはぎには毎日、散歩が必要なので、
とっても助かっています。

散歩は犬にとって欠かせない日課

犬は基本的に、散歩が必要です。運動面はもちろん、ストレス解消にも、もってこい。欠かせない日課です。

えーしとあいるんの手が空かないときは、お手伝いのみずほくんが散歩を担当してくれます。

ショコラとおはぎもとっても楽しそう

まわりには河川敷や雑木林など、自然がまだまだたくさん残っています。ショコラとおはぎの散歩にはうってつけです。

庭で放すことも多いのですが、やはり犬は外に連れていってあげたいもの。とっても楽しそう☆

お散歩がうれしくて
大はしゃぎ♪

お散歩するのはこのコたち

おはぎ

ショコラ

河川敷でのんびりお散歩

事務所兼住居のすぐ近くを流れる大きな川の河川敷で、ショコラとおはぎのお散歩をすることも。広い敷地に2匹とも大はしゃぎで、たっぷり運動できました。

ショコラはあいるんにべったり

ショコラはあいるんにかまってほしくて、飛びついたり引っ張ったり。大きいから、散歩も大変！　えーしとあいるんの、いい運動にもなります。

ごっつんこ！

放牧＆日光浴

広い庭で、主に哺乳類たちは思い思いに過ごします。
成長に日光浴が必要な爬虫類たちには、
バスキングライトをひとり（？）１台♪

オレ、
今浴びてるぜ☆

たたみはバスキングライトを浴びるとのけ反ってポーズをとるんだって。

放牧も日光浴も栄養補給のため

放牧と日光浴が必要なコたちもいます。放牧は草食動物が、楽しみながら草を食べる時間です。日光浴は、爬虫類の成長に必要。あ、猫のライフにも必要でしたね。

放牧するのはこのコたち

コルク

ウール

タルト

オセロ

つくね

ポッケ

※2022年12月現在

ウールの毛でつくったクッションと。なぜか、固く、カチコチになっちゃった。

Chapter

3

“あにまるず”

人気動画セレクション

動物たちの日常を公開する動画が
大人気の“あにまるず”。
中でも、ファン必見のものを集めました。
あいるんが起こされる企画も大人気です。

絶対おすすめ！

卵から出られない雛を助け出す！

動画はこちら

中から雛がくちばしで卵の殻を破る嘴《はし》打ちが始まって、１個は無事に孵《かえ》りましたが、もう片方は24時間以上経過しても出てくる気配がありません。死《し》籠《ごも》りを避けるために、孵《ふ》化《か》を介助することにしました。

なかなか出られない雛…

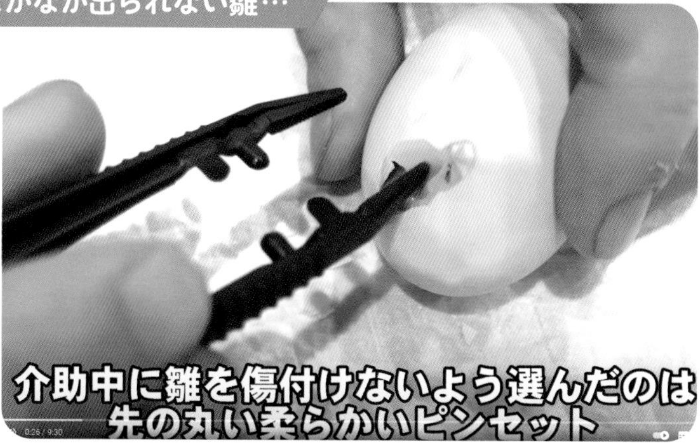
介助中に雛を傷付けないよう選んだのは
先の丸い柔らかいピンセット

頭、ニョキッ

出たいよぉ！

殻は、とても硬い。雛を傷つけないように注意しながら慎重に慎重に剥いていきます。ここから先に、なかなか進めません。

難関乗り越え…

上半身が出てきて、早く立ちたくてしかたないけど、体力がないので、えーしも慎重に。

ついに、誕生！

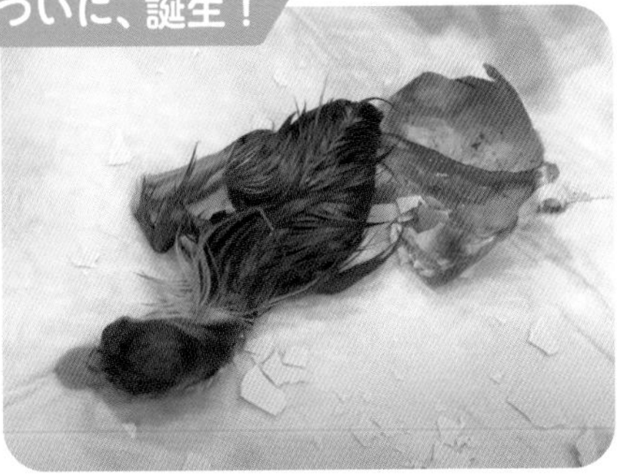

かわいい産声が！　最後の殻も慎重に破って……とうとう誕生しました！

こんなにかわいくなりました！

COLUMN

あのときのコはこんなに大きくなりました！

孵化が成功する確率は、高くありません。それでも受精卵4つのうち2羽が無事に誕生。もともと“あにまるず”では1羽飼う予定で、こんなに大きくなりました！ もう1羽はYouTuber仲間のうさうずさんのもとへ。そぼろと同じくらい大きくなったかな？

絶対おすすめ！

交通事故に遭った猫を何とか救いたい

動画はこちら

レッドテグーのトマトを引き取りに行った帰りに、瀕死の重傷を負った猫が……！　人気者“ライフ”初登場の動画。診てくれる病院が見つかって、ホントに良かったね！

車道でうずくまる茶色の猫

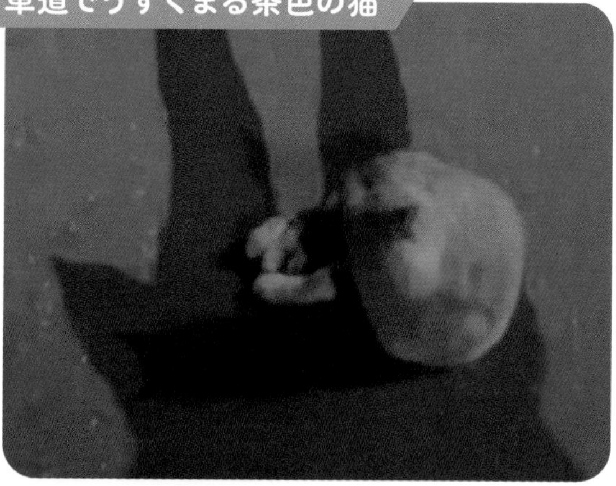

痛いよぉ…

洋服で保護して安全な場所へ

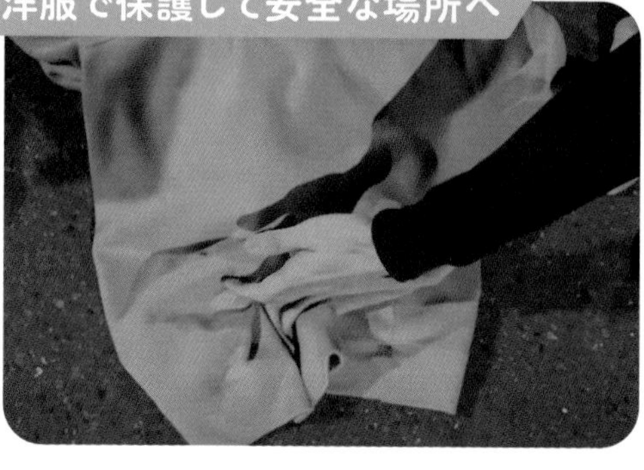

クルマに轢かれた猫が道路の真ん中に倒れていました！　傷の保護と汚れ防止のため、衣服にやさしく包んで移動します。

診てくれる病院が見つかった！

病院にいこうね

何軒か電話をかけて、診てくれる病院が見つかりました。痛いだろうけど、頑張れ！

もう大丈夫だよ

“あにまるず”で保護することに

応急処置をしてもらって、いったん“あにまるず”へ帰ります。

しっぽから出血しているため、再び病院に連れていくことに。

再び病院へ

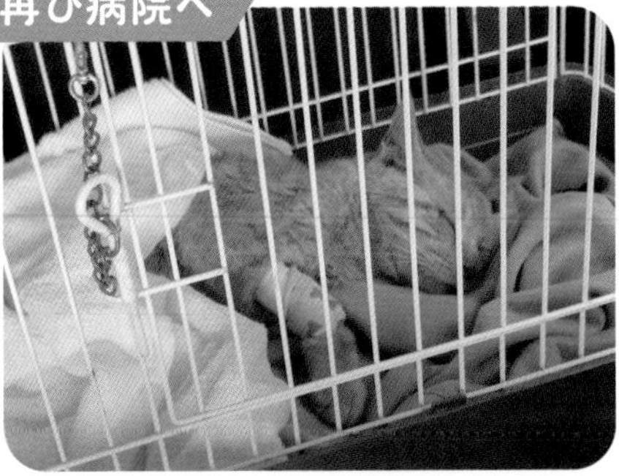

どうか、生きてほしい！

助けてくれて ありがとう

生きてほしいという願いを込めて“ライフ”と命名しました。あれから1年、元気です☆

※2022年12月現在

絶対おすすめ!

そぼろくんとねぎま王子の新年初泳ぎ

動画はこちら

仲良く外プールに向かうねぎま王子とそぼろくん。まさかプールが凍っているとも知らず……。視聴900万回超を誇る、大人気動画です。

ねぎま王子

あけまして
おめでとうございます

そぼろ

今年もよろしく
お願いします

廊下を自由に行き来するねぎま王子とそぼろくん。天敵の猫もいるけど※、小さいときから一緒にいるから、問題なし!

※絶対に目は離しません

なんと、プールが！

なんと！凍ってました！

えっ！？

冬は、“あにまるず”の外プールの水が凍ってしまうことが。このときも、見事に凍っていました！

そうとは知らず…

よし！初プール行くぞ！

凍っているとは知らず、やる気満々のねぎま王子、思いっきりダイブ……！

滑る(;^_^A
アセアセ…
ズザー

お疲れさま！

結局、初泳ぎはお風呂になりました

諦めるよりほかにないよね……。しかたないから、初泳ぎはお風呂で楽しもう☆

絶対おすすめ！

タンクはママを ひたすら追いかける！

動画はこちら

ペンギンのタンクはえーし大好き♡　ママももちろん大好き♡な甘えん坊。ママのあとをペタペタと追いかける様子が、かわいくてたまりません！

タンクはお食事中…

アジが大好物のタンク。ママが1匹ずつ食べさせます。今日は何匹食べるかな?

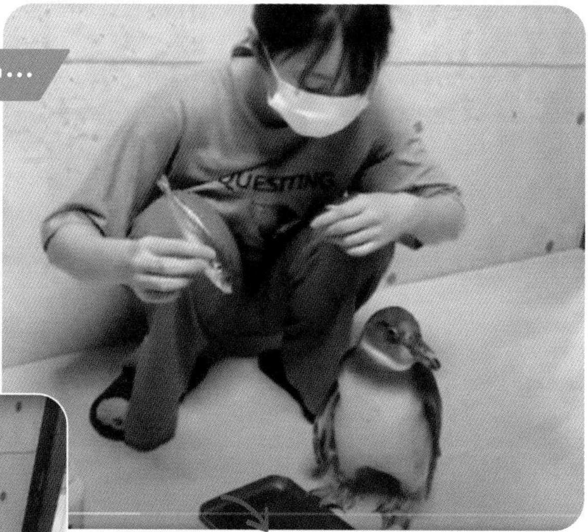

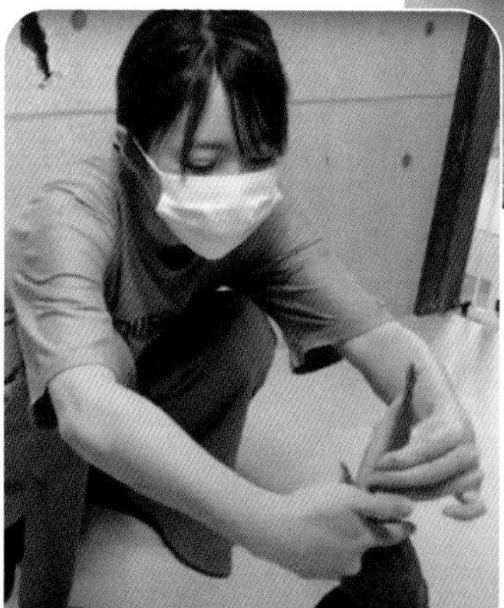

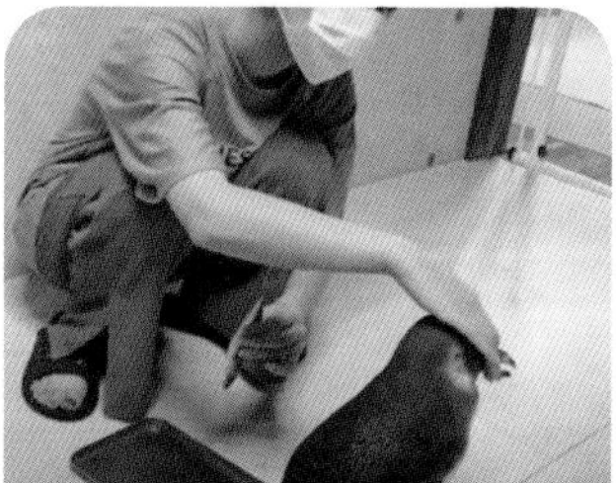

もうお腹いっぱい～

さっそくママを追いかけます

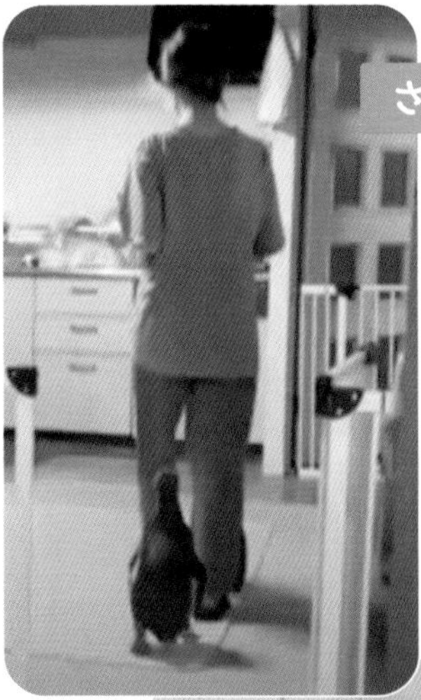

＼カクン！／

どんなときでもひたすらママを追いかけます。カクン！となるくらい突進し、トイレまでついて行っちゃう☆

何か、ご用事？

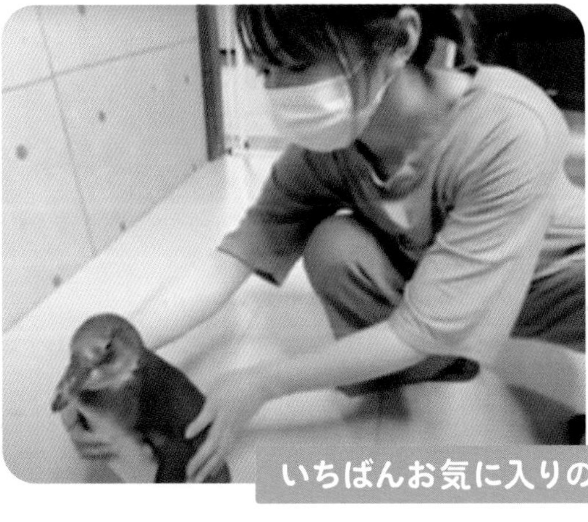

ママの用事がやっと済んで、なでなでタイム。タンクがいちばんうっとりする時間です。

いちばんお気に入りの時間♡

絶対おすすめ！

大人になったタンク ママをお見送りする

動画はこちら

ママは今日から２日間、出張です。いつもママべったりのタンク、しばしのお別れに耐えられるか？ ……実際は、あいるんのほうが寂しそうでした☆

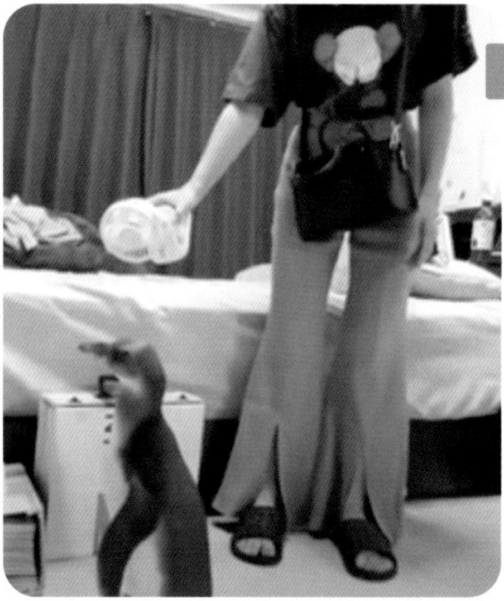

しばしのお別れ… タンクが先回り！

お出かけ前に、タンクの毛を乾かすあいるん。お世話に余念がないね☆

先回り！！

いよいよスーツケースを引きずって出発……やっぱり！ タンクが先回りしてママを行かせません。

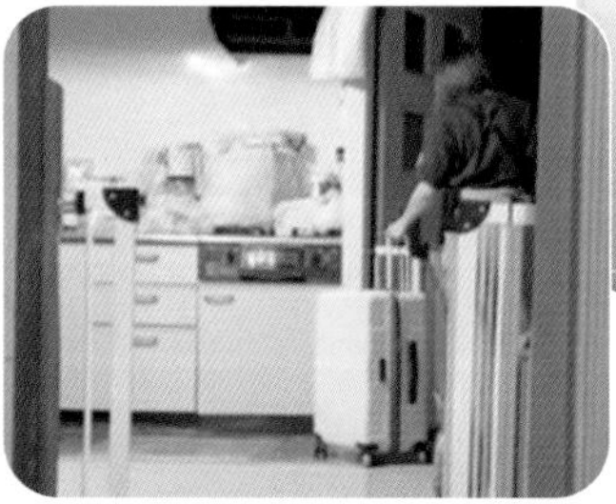

ほかのコも寂しいようですが…

やっぱり寂しいもんね

行っちゃうの？

いつもいるママがお出かけなので、みんなソワソワと落ち着きません。

ママだいて草

…と思いきや！

タンクの反応に納得がいかないあいるん、何度も戻ってきます（笑）。

バイバイ

ママが行ってしまいました

案外あっさり戻ってきたタンク。少し大人になったかな？　あいるんのほうが寂しそう。

子どもじゃないもん

絶対おすすめ！

なんと！トマトのしっぽが生えてきた！

動画はこちら

切られてしまったのか、自切してしまったのかわかりませんが、トマトはしっぽが切れていました。生えないだろうといわれていたけど、奇跡が起きました！

レッドテグーのトマトちゃん

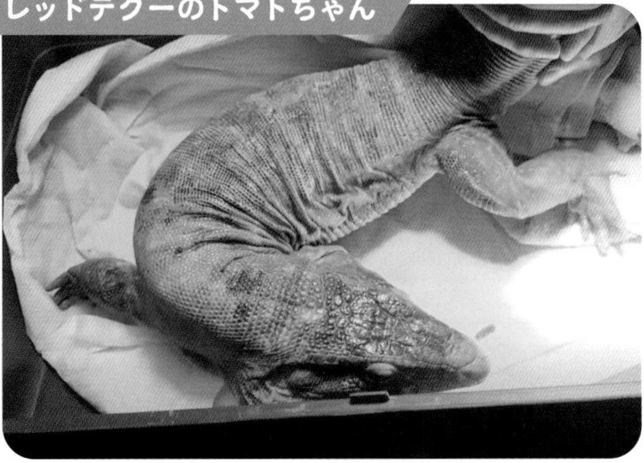

しっぽ、
診てください

しっぽと…

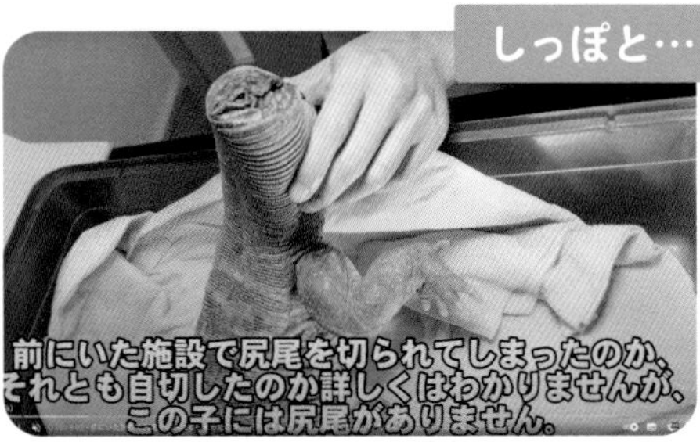
前にいた施設で尻尾を切られてしまったのか、
それとも自切したのか詳しくはわかりませんが、
この子には尻尾がありません。

指の爪が全部ありません

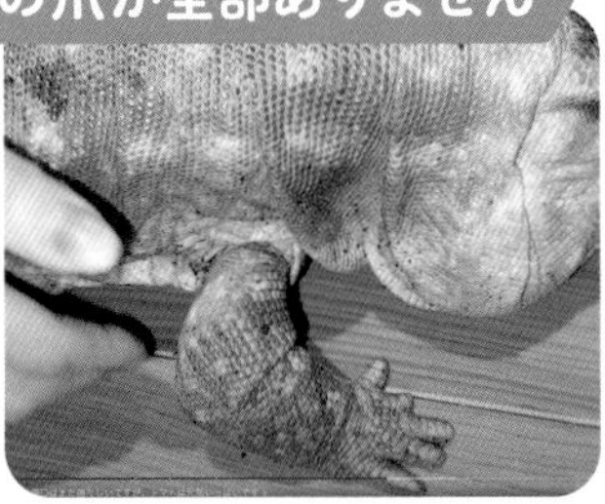

“あにまるず”では障害も個性の1つと捉えています。このコにしかない、イカした特徴です☆

消毒中…

**ちょっぴり
しみる**

しっぽへの消毒は続けます。ちょっとしみるかな？　よく我慢したね！

なんと！ しっぽが生えてる！

**数日後…
奇跡が！**

**良かったね！
(´；ω；`)ｳｯ…**

環境が変わってストレスが減ったのか、しっぽが生えてきました！　よかったね、トマト。

すっかり元気

こんにちは！！

絶対おすすめ！

ミニブタのボディをケアしてみたら…

動画はこちら

ミニブタのつくねはとっても良いコ。よく食べ、よく眠り、よく甘えます。今回の動画ではボディケアを大公開。角栓がにょきっと取れる瞬間は、必見！

ミニブタのつくねくん

お腹すきました

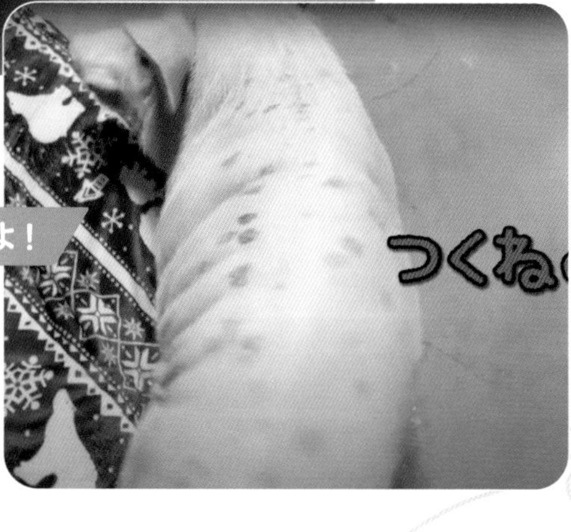

おまわりできるよ！

つくねは、なんと「おまわり」ができるよ☆　えーしやあいるんの指示に合わせて、くるんとかわいく一回転！

やさしく全身、マッサージ中…

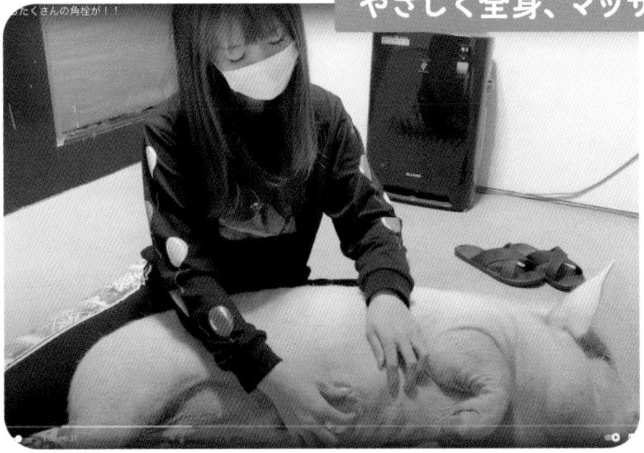

気持ちいー♡

サワサワと全身をマッサージ。つくね、あまりの気持ちよさにウトウト……。

えーしは角栓除去

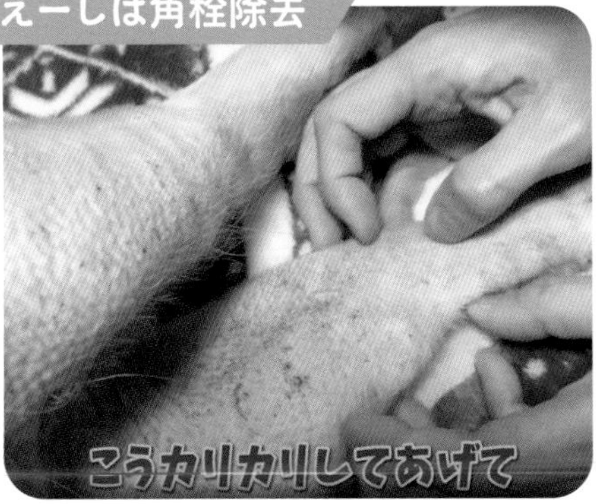
こうカリカリしてあげて

前足に、大きな角栓を発見！ 痛くないようにつまんで、にょきっと出します。

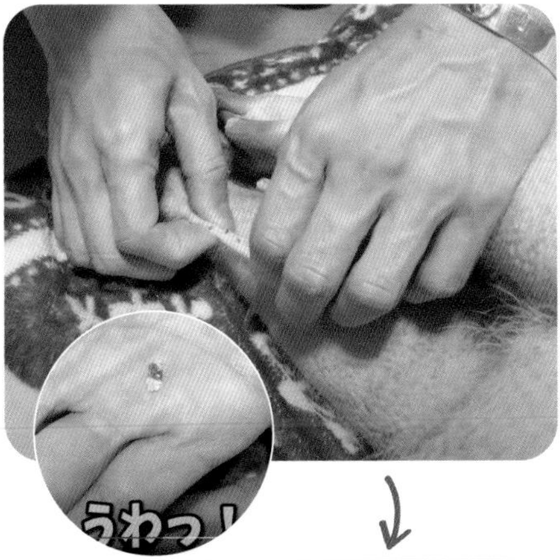
うわっ！

臭いといわれる角栓だが…？

つくねの角栓だもん、臭くないよ、とあいるん。えーしの「うわっ！」の反応に、ちょっと心外なつくね。

臭くないブゥ

臭くないブゥ！

人気企画！

ママを起こすために集まった動物たちが…

動画はこちら

人気企画「動物たちがママを起こす」シリーズ。今回は、お部屋に集まったコたち、全員で協力して起こします。あいるんの寝相（？）にも注目！

動物たちが続々と集まって…

ねぎま、ラスク、エコル、ノッコ……。いろんな種類の動物たちが、あいるんを起こそうとやってきます。果たしてなにが起こるのか？

ベンガル猫
エコル姫
ケヅメリクガメ
ノッコ

どうやって起こす？

んでもない起こし方を・・・w

ターゲットは気持ち良さそうにおやすみ中zzz

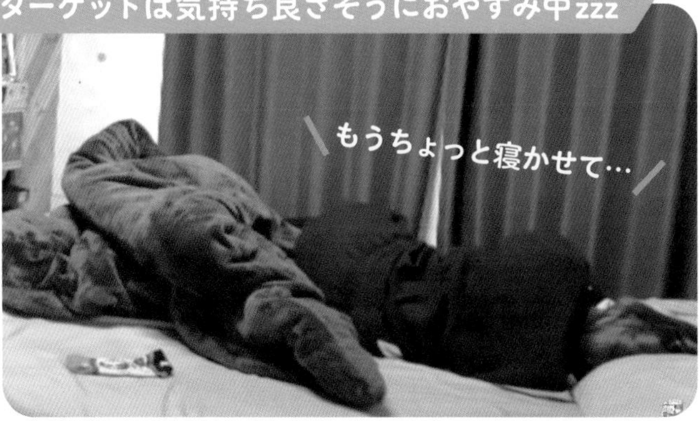
もうちょっと寝かせて…

まったく起きる気配のないあいるん。相変わらず靴下を脱ぎ捨てています（笑）。

ほかのコたちも、参戦！

アフリカオオコノハズク
オレオ

ノッコに乗っかるオレオ

動物たちは着々と準備を進めたが…

起きないよ？

ものともせず寝るあいるんに、動物たちも諦めちゃいました（笑）。あいるんの睡眠欲の強さが動物たちにも伝わったのかな？

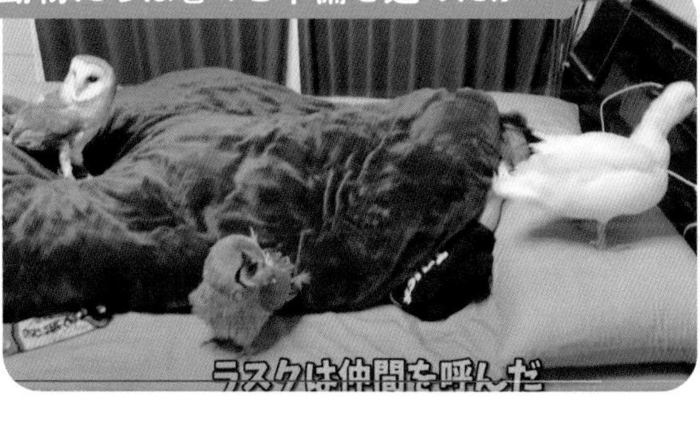
ラスクは仲間を呼んだ

人気企画！

成長した超大型犬にママを起こしてもらったら

動画はこちら

グレート・デーンのカルアはとっても大きい☆ ママを起こすと、ママが大変なことに？　2021年秋、虹の橋を渡ったカルア、メモリアル映像です。

本日の担当は、カルアくん！

僕、頑張るよ！

ターゲットは相変わらず爆睡中

zzzzz...

迫りくる危険（?）も知らず、相変わらず深い眠りを堪能するあいるん。いったい、どんな起こし方をされるのだろう？

寝込みを襲われるあいるん

痛っ！！

ベッドに乗り、いきなりあいるんを攻撃するカルア。なんて乱暴なんだ（苦笑）！

再び寝ようとするも…

そうはさせるか！

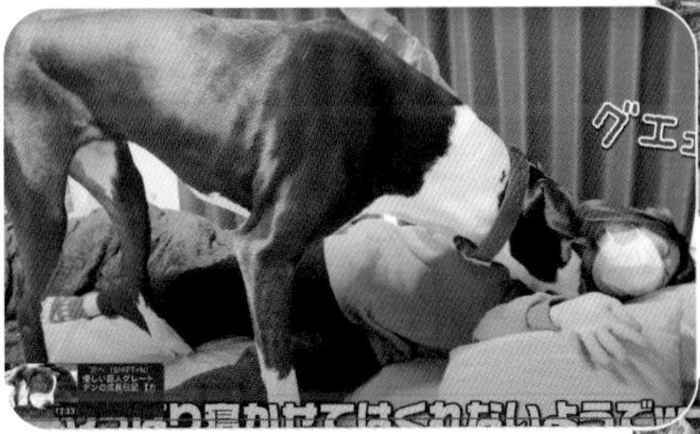

一度は衝撃で起きたものの…再び寝ようとするあいるん。カルアは絶対に諦めません!

カルアも寝るか？

と思いきや

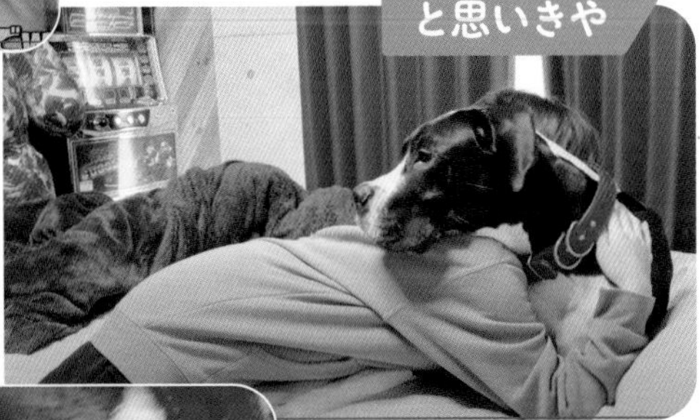

カルアに悪気はありません。ママが大好きで、とにかく甘えたいだけなのですが……。

しかたなく、あいるん、おはようです

人気企画！

タンクはママをペチペチ叩いて起こす

動画はこちら

今回の起こし屋はタンクが務めます。ペンギンに起こされるなんて、動物好きの人はうらやましい！ と思うかもしれませんが、実態は……。

本日の担当は、タンクくん！

まだ眠いんだけど…

ライフも参戦か？

ママのお部屋に向かうタンク。どうやら、今回の起こし屋を担当するようです。お部屋で一緒に休んでいたライフも参戦か？

やっぱり、爆睡中のあいるん

どこまでも気ままに暮らすあいるん。相変わらず靴下は脱ぎ捨てっぱなし（笑）。

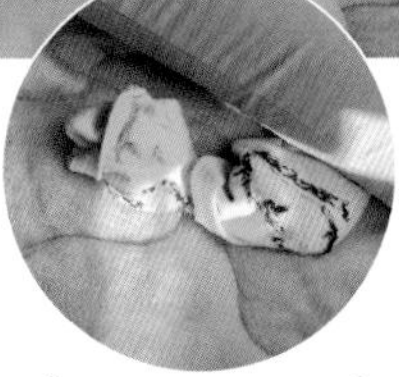

おきまりの、
靴下ポイッ！

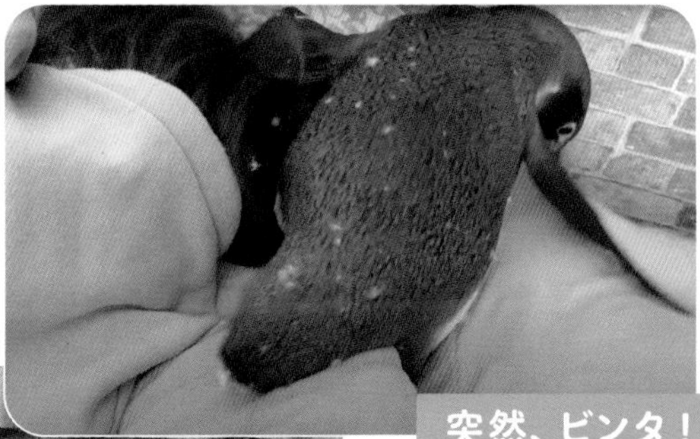

突然、ビンタ！

さらに甘（？）噛み

業を煮やしたタンク。突然ペンギンのビンタを受けたあいるん、飛び起きます！

仲裁に入るライフ

もうよしなって

甘えるつもりであいるんを噛んだタンク。それを見ていたライフが仲裁に入ります。

※2022年12月現在

人気企画！

今回ママを起こすのは…？

動画はこちら

史上最強の起こし屋の名をほしいままにしているたわら。そのわけは……？　実はたわらくん、以前にちょっとやらかしちゃっているのです。今回は大丈夫？

今回の担当は…まさかの!?

よいしょっ

ワタシにお任せあれ

あいるんのお部屋に通じる階段を上ってきたのは、まさかの……。

心配そうなライフ

俵くんはヤバいんじゃない？

痛ッ！

前回の惨状を、ライフはちゃんと知っているので、心配そう。

準備体操など、やる気十分！

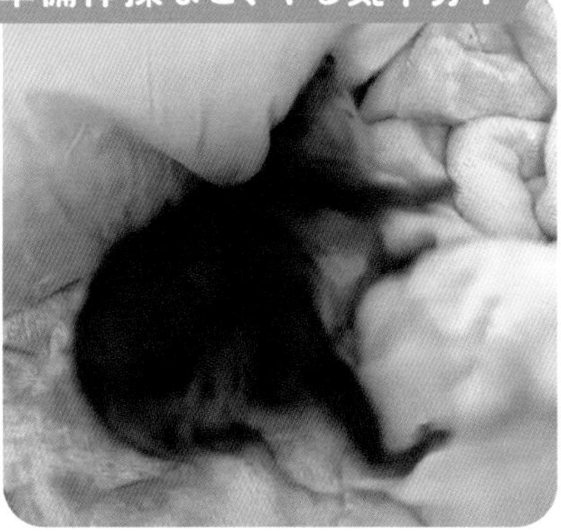

もきゅもきゅ鳴きながら、あいるんのベッドへ上がるたわら。

“もきゅもきゅ”だけで？ やっぱり、最強！

さすが、たわら！　あのあいるんが、鳴き声だけで起きるんだものね☆

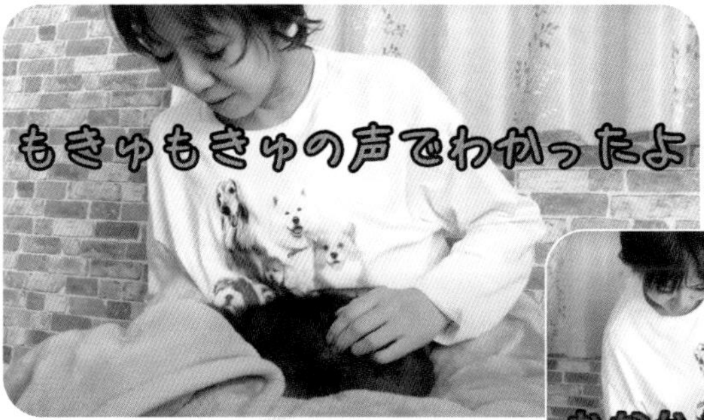

すっかり油断していたあいるん、たわらにお腹を噛まれてしまいます。これは、痛い！

痛ッ！

だから、いったのに…

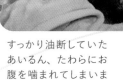

“あにまるず”はいっつも大騒ぎ

大量のアジが届いて大興奮するペンギン

動画はこちら

“あにまるず”の人気者・タンクの動画です。大好物のアジが10kgも届きました☆　さて、タンクはいったい、どんな反応なのでしょう？

大量のアジが届きました！

とつじょ、興奮！

大好物のアジだと気づいた瞬間、タンクが吠える！「アジー！」っていっているのかな？

パラダイス☆

凍ったアジの上にとりあえず乗っかるタンク。大量の大好物の上で、興奮が増してくるようすがかわいい☆　仕分けはえーしが担当。

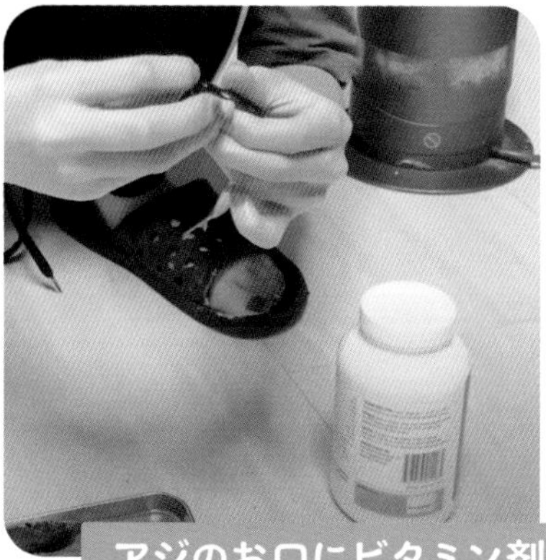

アジのお口にビタミン剤をくわえさせて

ペンギンは、ビタミン剤の摂取が必要。アジのお口にくわえさせてアジごと食べてもらいます。

たくさん、食べてね！

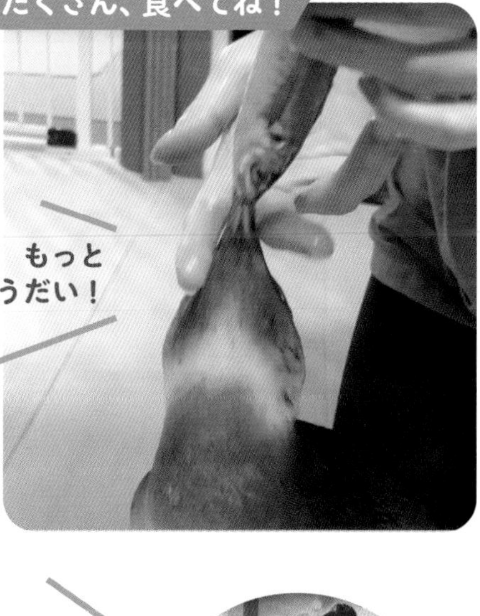

もっと
ちょうだい！

ほかのあにまるずもお食事です

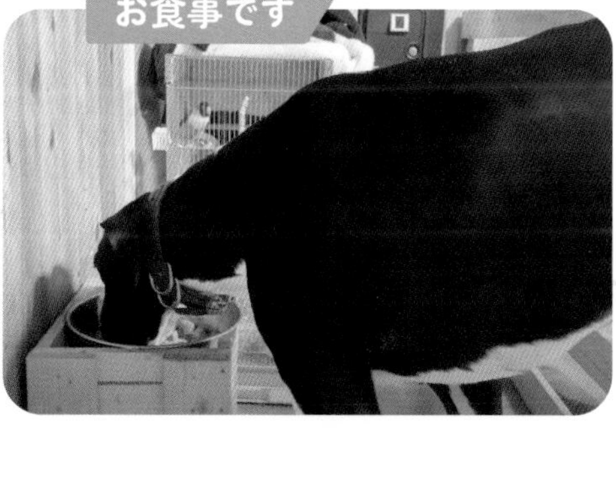

おいしかった
かな？

“あにまるず”はいっつも大騒ぎ

みんなのおかげで家族が増えました！

動画はこちら

“あにまるず”は、ほかの動物系YouTuberたちともしっかり連携し、助け合っています。今回は、みんなが協力してくれて、新しい家族をお迎えしたお話です☆

朝からなにやら集まって…

まだちょっと眠い…

家の中もちょこっと改造

仲間が集まって、なにやら朝から作業中。水槽を置く台のペンキを塗り直してくれているようです。家の中では床下の点検口をつくってくれています。

環境を整えて

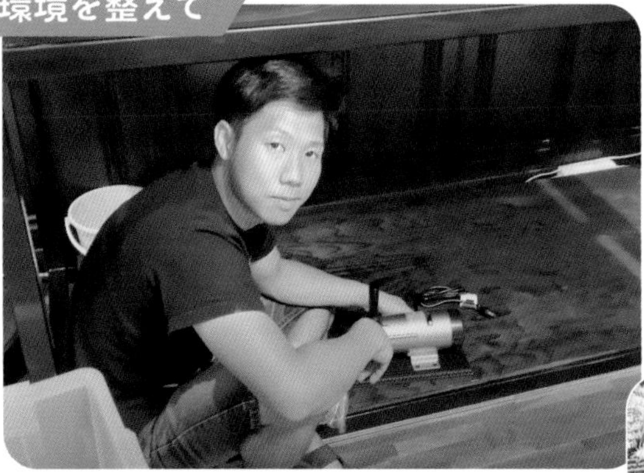

水生動物をお迎えするため、水槽だけでなく、浄化装置などが必要になります。首尾よく、完成!

今回“あにまるず”にお迎えしたのは…

実は、ちょっと前からお迎えする予定になっていたブタバナがかわいい、スッポンモドキ! このコのために水槽が必要でした☆

オレの仕事ぶり、見せたるぜ☆

鰐さん

ビバちゃん

まこぽんさん

みんなありがとう

マッキー

うさうずさん

朝早くから1日費やしてくれた仲間たち、本当にありがとう! これからもヨロシク。

“あにまるず”はいっつも大騒ぎ

お見合いをしたしゃもじにお嫁さん候補が…！

動画はこちら

実はしゃもじ、お見合いしました。結構モテるしゃもじくん、お嫁さん候補に選んだコは？ 相性バツグンです！

コツメイトさんで、マッチング中のしゃもじ。1週間と離れたことがなかったので、あいるんもえーしも、早く会いたくてソワソワ。あいるんは自分のところに真っ先に来てくれると信じています☆

コツメイトって…？

池袋（東京都豊島区）にあるエキゾチックアニマルのお店です。コツメカワウソなどのエキゾチックアニマルを、近くで見て、触って、遊んだり、おやつをあげたり……。カワウソは飼うにはあまり向かない動物で、うっかりすると危険がありますが、決して目を離さず、動物好きな人たちに満足してもらえるように癒しの時間を提供しています。

どっちがしゃもじかな？

マッチングしたコと一緒にいるから、どっちがどっちだか見分けがつきません。みんな同じ顔に見えてきてしまいますが……。

OZZY
しゃもじ

さすが、あいるん！

こっちがしゃもじ！

ひと目でわかったあいるん、さすがです！　お見合いで一番、相性が良かったOZZYと一緒。しゃもじは案外、プレイボーイでモテるんだって！

飽きもせず、一緒に泳ぐしゃもじとOZZY。2世誕生の日も近い？

ラブラブ中

やっぱりお風呂の栓抜いちゃったの？

実は、
抜いたのは
OZZY

お風呂の栓を抜いたのはOZZY。相性ピッタリだね！

しゃもじー！

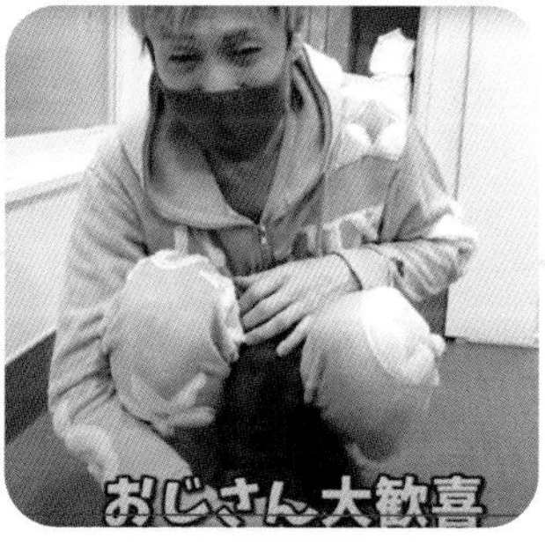
おじさん大歓喜

再会を喜ぶ〝あにまるず〟。あいるんは自分のもとへ真っ先に飛んできてくれると期待していましたが、なんと、まずはえーしのもとへ。うれしそうな顔に注目！

“あにまるず”はいっつも大騒ぎ

ささみの鳴き声の“あお～ん”って…？

動画はこちら

カラスは、ふつう、「かぁかぁ」とか「あー」とか鳴きますが、ささみの鳴き声は「あお～ん」なのです。いったいなぜ？

カラスは、なんて鳴く？

今日の気分は？

ささみは…

あお～ん

“あにまるず”のお庭にて。大好きなあいるんに甘えているのか「あお～ん」と鳴くささみ。

えーしの場合

鳴き声も聴かせないゾ

あいるんの場合

そうか！　あいるんが、餌をあげるとき「あ～ん」っていっているのを真似しているのか！

くちばしのケア。あいるんがやさしくだっこして安心させます。

ママのあとからお家へ

くちばしのケア…

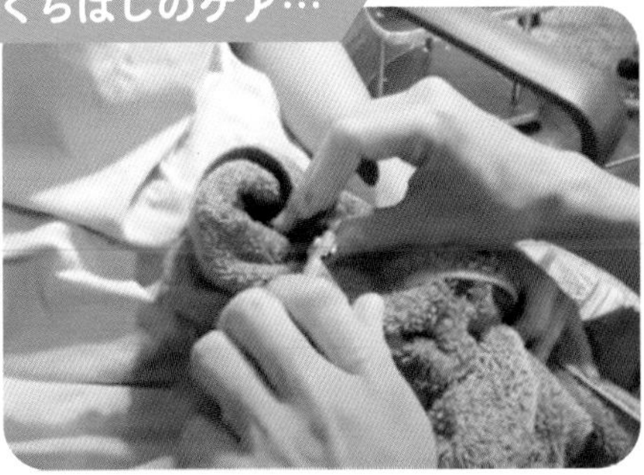

お風呂…

また遊んでね！

ドライヤー、お疲れさま

お外で遊んだあとは、ささみもシャンプー。しっかり汚れを落とそうね。

番外編

しゃもじが、お風呂の栓を抜いちゃった！

動画はこちら

再生回数400万回を超える、大人気動画がこちら。しゃもじがお風呂で遊んでいると、いつものクセで栓を抜いてしまいますが……動画のラストで奇跡が起こる！

お風呂で気持ち良く遊んでいたしゃもじですが、大変な事態を招いてしまい、大慌て！ 暴れたり、なんとかしようとあがいたりするしゃもじ、とうとう諦めますが……。

気持ち良く
遊んでいたら…

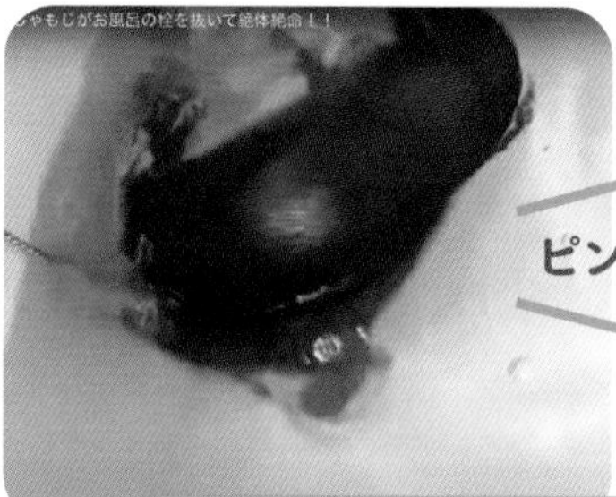
しゃもじがお風呂の栓を抜いて絶体絶命！！

ピンチ！

栓を抜いちゃった！

なんとか
しなきゃ

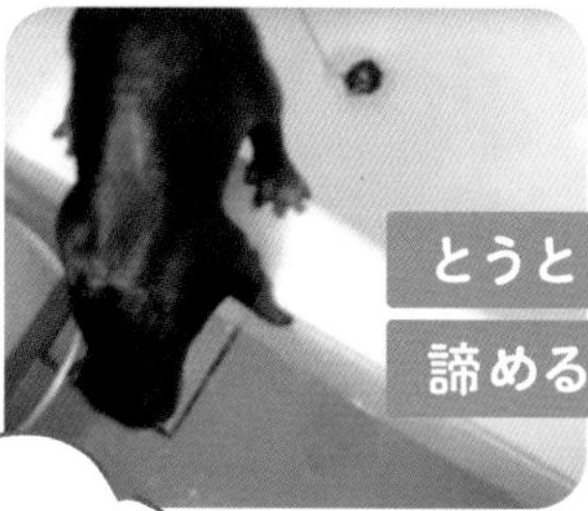

とうとう
諦めるも…

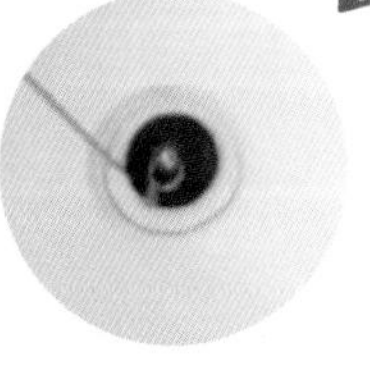

なんと、
奇跡が
起こっていた！

Chapter 4

教えて！ “あにまるず”

エキゾチックアニマルを飼ってみたい、
動物を保護したい。
そんなとき、どうしたらいい？
“あにまるず”に教えてもらいました。

動物の幸せのために

“あにまるず”の究極の夢は、すべての動物が幸せになること。
保護は、その夢を叶える手段の１つですが、
先住のコたちの幸せも考え合わせる必要があります。

自分たちのできる範囲で最大限のことをする

人間にも、犬にも猫にも、そしてエキゾチックアニマルにも平等に命があります。しかし、保護の体制は希少な動物になればなるほど、残念ながら整っていません。〝あにまるず〟には保護したコもたくさんいますが、えーしとあいるんはいったい、どのような思いで動物保護活動を続けているのでしょうか。

〝あにまるず〟のもとには保護の相談がたくさん来ます。その際、〝あにまるず〟が第一に考えるのは、自分たちのキャパシティ。オーバーフローしたら意味がありません。自分たちも含め、全員が幸せに暮らせる環境を大切にしています。

巣から落ちていた雛

やさしい人に拾われ、「家には犬がいて…」と“あにまるず”に相談が。巣から落ちたので、そのままではおそらく淘汰されていました。

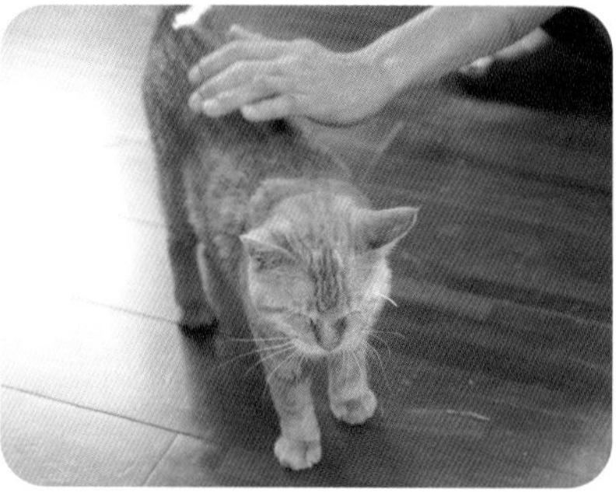

余命は「3日」でした

交通事故に遭って苦しんでいるところに行き合わせて保護。「生きてほしい」という願いを込めて、あいるんがライフと名づけました。

※2022年12月現在

保護のための準備

「拾っちゃった」では済まされないのが動物、命です。保護活動を続けるうえで、どんな準備が必要なのでしょうか。

① 環境を整える

保護した動物を、ぎゅうぎゅうにケージに押し込めていてはかわいそうです。ある程度のスペース、部屋数、そして広い庭が必須。現在の事務所兼住居は、動物保護にうってつけです。あとは個々の動物たちに合わせて部屋を整えていきます。

② 獣医を調べておく

エキゾチックアニマルを飼うには専門的な知識が必要。ですが、すべての動物を診ることができる獣医は、簡単には見つかりません。命には必ず、ケアが必要なので、信頼できる動物病院や獣医さんを調べて、いくつかピックアップしておきます。

あにまるずがいつもお世話になっている
エキゾチックアニマルを見てくれる病院

教えて！
"あにまるず"

命に対する向き合い方

粗末にして良い命なんてない——。
当たり前のことですが、"あにまるず"では日々強く実感していることです。
すべての動物たちが教えてくれました。

動物たちが、身をもって教えてくれた大切なこと

えーしが気になるのは、たいてい体の弱いコ。わざとそうしているわけではなく、自然と目が行ってしまうのだとか。

そのため、悲しい目に遭うことも少なくありません。グレート・デーンのカルア、ベンガルネコのエコルは、病気が発覚して、あっという間に虹の橋を渡ってしまいました。

猫のライフの存在もとっても大きく、命に対してたくさん考えるきっかけになりました。ライフはおそらく2〜3回クルマにはねられていて、たくさんケガをしていました。猫エイズや猫白血病ももっていて、とにかく気をつけてあげなければならないコです。あいるんが生きてほしいと強く願い、この名前がつきました。

体の弱いコや特徴があるコ、そして虹の橋を渡ってしまったコたちは、精一杯、必死に生きて、"あにまるず"にたくさんのことを教えてくれているのです。

偽善だと叩かれても広めていきたいポリシー

昔は動物を販売することに携わっていたこともありましたが、「命に値段をつける」というのが、どうしても性に合わなかったのだそう。

自分たちのポリシーに則った保護活動を、偽善だといわれ、叩かれてもいいから、広げていきたいといいます。

※2022年12月現在

偽善でもいいから広げたい
守りたいポリシー

たくさんの動物たちと暮らし、保護して、手探りでつくりあげていった“あにまるず”。
絶対守りたいポリシーは、以下の３つだといいます。

命に値段はつけたくない

かつてはエキゾチックアニマルカフェを経営し、動物たちと里親との間を積極的に取りもつこともしてきたという“あにまるず”。カフェを通じて生き物の面白さやかわいらしさ、そして命の大切さを伝えていきたいと考えていましたが、「命に値段をつける」ことがどうしても性に合わなかったそう。無償で引き取れる動物は、一概にはいえませんが、大切にされないことも多いそうです。

今、そこにある命を優先的に生かす

カラスのささみをお迎えしたときに、ある視聴者からこんなことをいわれたそう。「巣から落ちた雛は、淘汰されるのが運命。その雛を食べた地域猫が生き延びてこそ、自然の摂理。助ける必要、ありますか?」。“あにまるず”の考え方は少し違います。通りかかるかどうかわからない地域猫の食事よりも、今ここにある命を大切にしたい——。助けられる命は、助けようと決めています。

教えて！
“あにまるず”

餌へのこだわり

“あにまるず”では、生餌は与えていません。
肉食のコには冷凍ヒヨコや冷凍マウスを与えることにしています。
そこには、複雑な思いがあったのです。

それが自然であっても命にほかの命を与えたくない

〝あにまるず〟では、生餌は与えていません。もちろん、ヒヨコやマウスを捕まえて冷凍して、手を汚している人がいるのも承知しています。また、そういう人がいるからこそ、自分たちは〝生餌を与えない〟なんていっていられる、それもよくわかっています。それでも、やっぱりいまそこにある命を、別のコに与えることはできませんでした。

　また、レッドテグーのトマトのように、鶏肉など、精肉の切り身を好むコもいます。万が一にも事故が起こらないよう、直接手であげることはせず、ひと口大に切って、ピンセットで与えています。

COLUMN

みんな大好き！ ごはんはロイヤルカナン

P.59でも少し触れましたが、“あにまるず”ではロイヤルカナンの餌を与えています。ロイヤルカナンは、動物のための総合栄養食です。動物たちの健康と長寿にしっかりコミットしていて、いわゆる食餌療法にも対応できます。ご購入の際は、獣医師に相談するのがおすすめです。猫は腎臓が弱いコが多いのですが、そういったコへの配慮がある種類もあります。“あにまるず”では、ロイヤルカナンを与えたコたちがみるみる元気になっているので、効果を実感し、愛用しています。

教えて！
“あにまるず”

エキゾチックアニマルと仲良くなるために

いろいろな動物と仲良く暮らすために、人間ができることはたくさんあります。
“あにまるず”では、以下の３つを大切にしています。

❶ それぞれの個性を把握する

例えば、同じコツメカワウソのしゃもじとコメでも、個性はそれぞれです。嫌なことも、好きなこともそのコによって違うので、同じ種だからとひとくくりにはできません。1体1体の個性や違いをきちんと把握することが大切です。

❷ 発情期は気が荒くなると知っておく

動物はたいてい、発情期には気が荒くなります。犬や猫だと去勢手術や避妊手術を受けて衝動を抑えることもできますが、エキゾチックアニマルを手術できる獣医は多くありません。発情期はとにかく気が荒くなるので、覚悟が必要です。

❸ 医療体制、受け入れ先の確保

命である以上、病気やケガを免れることは、まず、できません。何かあったときのために信頼できる獣医師と、しっかりとコミュニケーションをとっておく必要があります。医療体制が整わないのなら、飼うことはできません。

教えて！
“あにまるず”

動物病院の見つけ方

猫のライフ、カラスのささみ、コツメカワウソたちや爬虫類、猛禽類、草食系哺乳類。“あにまるず”では、これらすべてのコたちの健康管理が必要です。

エキゾチックアニマルを診ることができる獣医が必須

たくさんの命を預かる〝あにまるず〟では、頼れる動物病院をいくつか知っておく必要がありました。犬や猫などの愛玩動物は診ることができても、エキゾチックアニマルを診ることのできる獣医は、そう多くありません。万が一の事態を想定して、常に相談できるところを確保しています。多種の動物を診ることができる動物病院は、数軒しかありません。そのため〝あにまるず〟は、動物ごとにかかりつけの病院を探し、いつでも、遠くても1時間程度で診てもらえるようにしています。千葉県にある日本ペット診療所は、中でも頼りにしている病院の1つです。

何よりも大切な健康管理

エキゾチックアニマルではなくても病院探しが大変なコもいます。ライフは〝あにまるず〟が発見したとき、クルマに轢かれていて、大きなケガをしていました。かなり痛がっている様子だったので、近くの病院を探し、連れて行って以来、その病院がかかりつけになりました。持病もあり、余命3日といわれたライフですが、いまも元気に生きられたのは、この病院のおかげです。

生きているのだから、健康を損なったり、ケガをしたりすることもあるでしょう。そんなとき頼りになる動物病院の存在は、なくてはならないものなのです。

※2022年12月現在

日本ペット診療所について

千葉県にある日本ペット診療所では、たいていの動物を診ることができます。
難しいといわれているコでも、相談してみる価値アリ！

千葉県にある日本ペット診療所。日本全国から患者がやってくる。

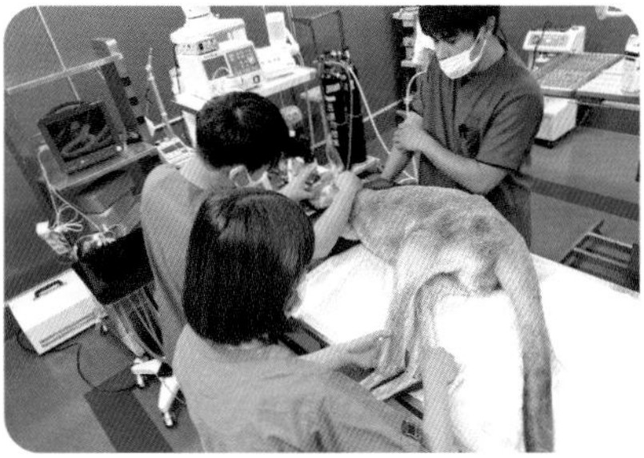

動物を撮影できるX線、オペ室のほか、入院病棟なども完備しています。

入院が必要なコもいるため、ベッド（ケージ）も多数完備。

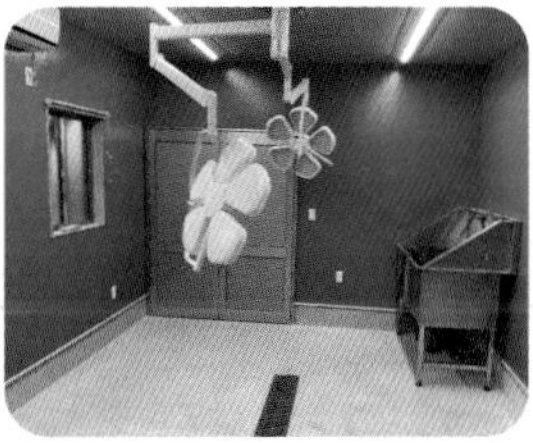

ときには手術が必要なコもいます。そのため、最新の医療機器がそろっています。

COLUMN

えーしが尊敬している専門家・パンク町田

日本ペット診療所は、ポスト・ムツゴロウといわれるパンク町田に関連のある施設です。パンク町田は昆虫、爬虫類、鳥類、猛禽類など、あらゆる生物を扱うことができる動物の専門家。カラスのさーちゃん（ささみ）もここで診てもらいました。“あにまるず”にとって、非常に頼れる存在です。

教えて！
“あにまるず”

普通は飼わない動物を保護したら

身近にいるけど、普通は飼わない動物、例えばカラスのささみを保護したときに、“あにまるず”が得たもの。それは法律と知識でした。

救いたい命のために　できること

　本当は、すべての動物を救いたい〝あにまるず〟ですが、なかなかそううまくいきません。そこには法律の壁が大きく立ちはだかっています。

　古来の生態系を守るためには、外来生物は本来、駆除しなければなりません。しかし、そこに助けたい命があるのに助けないという選択肢は、〝あにまるず〟にはないのです。

　また、飼育するのに向かない動物は、「かわいいから」という理由で飼っても扱いが難しく、中には飼いきれなくなって手離してしまう人も。そうならないために、〝あにまるず〟では、環境を整え、知識と技術を身につけています。

かぼちゃ

トマト

野生動物保護の注意点

もし、カラスやスズメを保護したら、どうしたらいいのでしょうか。
“あにまるず”では、以下の２つを徹底しています。

1 法律をきちんと調べる

動物保護法やワシントン条約など、動物に関する規制、法律はひと通り調べておく必要があります。日本に先住するほかの動物たちの害にならないかどうか、飼うためには許可がいるのかなど、法律を知らないとわからないこと、できないことがたくさんあるからです。しかも、法律は一定ではありません。変わることも往々にしてあるため、いつでもアンテナを張っておく必要があります。

2 外来生物に対する知識をもつ

「かわいい」だけで飼って、日本の生態系に混乱を来したら、個人で責任は取れませんし、罪に問われることもあります。日本に先住するほかの生物に、どういう害を与えるのか、また健康管理はどうしたら良いのか、医療機関を確保するためにはどうしたら良いのか。たくさんの知識を身につけ、総合的に判断してはじめて、保護することができます。

COLUMN

放浪していたカカオ、すっかり元気になりました

カカオは、メンフクロウ。保護して以来、少しずつ心を開いてくれました。人と触れ合う機会が少なかったため、「据《す》え」（人の腕にとまり、じっとしている状態）にも慣れていませんでした。あいるんが一生懸命お世話した結果、今ではすっかりおだやかな表情になりました。

“あにまるず”Interview

中学校の同級生だったというふたり。ビジネスパートナーとして息は合っているけど、私生活は別々なのだとか。“あにまるず”はいったい、どういう道をたどってきて現在の形になったのか、話を伺いました。

ただ、かわいい動物と一緒にいたかった

えーし（以下え）―僕の父が転勤族だったので、子どもの頃は引っ越しばかり。中学時代は群馬で過ごしました。そのとき、同じクラスの気が合う仲間のなかにあいるんもいて。

あいるん（以下あ）―確か「久しぶりにみんなで集まろう」ってことになって、卒業してから15年後くらいに再会したんだったかな。

え―よく、ふたりはつき合っているの？　とか結婚しないの？　とかいわれるんですけど、いまのところ、まったくその気配がない（笑）。個性が違いすぎるし、ダメだろうなぁと。

あ―私、動物のほうが好きかも（笑）。

え―僕とあいるんが最初に一緒に仕事したのは、実はエステサロンなんです。あいるんがエステティシャンの資格をもっていて。そのサロンで好きな動物を飼っていたんです。ベンガルワシミミズクのがんもなんかは、そ

いっつもふざける
ふたり☆

自分たちに
できることを
常に探していました

え―その次はエキゾチックアニマルカフェかな。横浜（神奈川県）で。ヘビが見られたり、カメが触れたり、ミニブタと触れ合えたり、そういうカフェをやってみたかったんです。国からお金を借りて、エステサロンをカフェにリフォームしました。

あ―私はえーしとは少し理由は違うんです。エステティシャンを辞めたら、どこかで働かないといけない。それだと、動物たちとずっと一緒にいられないじゃないですか。ずっと一緒にの頃からいました。ところが、だんだん、あいるんの様子がおかしくなってきたんです。

あ―力が入らなくなったというか、腕が思うように動かなくなっちゃって。腱鞘炎《けんしょうえん》というか、職業病みたいなものですね、エステティシャンの。そうすると、100％のパフォーマンスではお客さんに施術ができない。いままで100％だったのに、80％になっちゃう……それで、エステは廃業にすることにしたんです。

ょうど、YouTubeが収益化するって話が出はじめていたんで、あいるんに「だったら一緒にやろうよ」ともちかけたんです。それでYouTuber“あにまるず”が誕生しました。

動物たちと一緒にいたい

いられて、そこにお客さんが来てかわいがってくれたら、すごく素敵だな、と思って。動物たちと離れたくなかったんです。

え―その頃かな？　あいるんが動画を撮りはじめたのは……。

あ―そうだったね。YouTubeを観まくっていた時期があって。動物たちのかわいい姿や日常なんかを撮っていたので自分も……と思って、隠れてコソコソと（笑）。

え―僕、偶然見つけたんですよ。ち

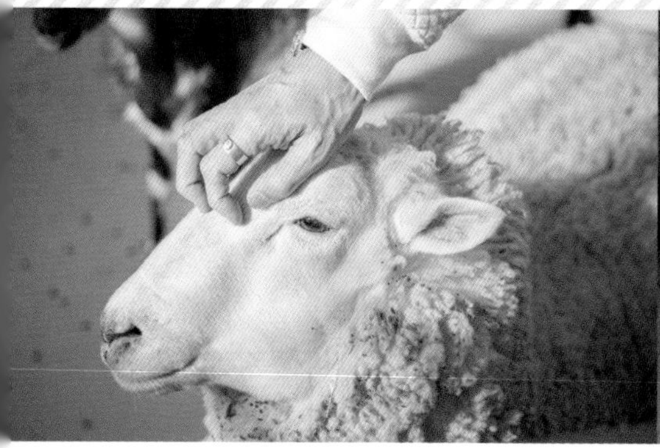

え―コツメカワウソが来ることが決まっていたので、ミーアキャットは飼う予定ではなかったんです。でも、もなかはしっぽが切れていて、値段もつかず、行くところもなくて。そしたら、あいるんが「私、飼う」って。お金もないのに（笑）。

あいるんは？

あ―ライフに限らず、うちはハンデを抱えたコが多いんですけど、もともと保護を主体に考えていたわけじゃないんです。単純に、かわいい動物と一緒に暮らしたかった。
え―僕が気に入るコって、たいてい体が弱いというか、何かを抱えているコ。あいるんもそうだけど。でも、

動物たちのかわいい日常を多くの人に届けたい

え―カフェを休業した理由は、コロナですね。休業を余儀なくされてしまって、それで、かえって、YouTubeに全力でコミットすることができたので、結果オーライではあったんですけど。
あ―最初にバズったのは、もなか（ミーアキャット）が私を起こす動画。サムネイルが、私が寝ている側にもなかがピッと立っている画面で、それが珍しかったんじゃないのかな？　一気に再生回数が増えました。

え―あと、保護されるコで、キレイなコっているわけないですよね。汚れていたり、傷ついていたり。そういうコをあいるんがキレイにしてあげられたら……という思いもありました。今後はカフェも併設して、トリミングに連れてきてくれたお客さんがくつろげるような空間にもしたいですね。

あ―子どもにたくさん見に来てほしい。動物のかわいさを知ってもらいたいので。動物好きの人たちの楽園でありたいと思っています。

しっぽが切れていたり、甲羅が1枚多かったり、それってむしろかっこいいじゃないですか。だって、甲羅が1枚多いカメなんて、めったにいないですよ。

あ―みなさんがたくさん動画を観てくれているおかげで、借金も一度に返せたし、これからはどんどん、いろんな動物が飼えるね。

え―もちろん、自分たちのキャパの範囲内ですけど。キャパを広げるためにも、いろいろと資格を取ったりしています。僕は動物取扱業関係で、フットワーク軽く動く係。あいるんは社長だから、常にどっしりかまえていてほしい。

あ―私がトリマーの資格を取ろうと思ったのは、ここでできるからなんです。動物たちと一緒にいながら、お客さんの犬をトリミングすることができたらいいな、と思って。

まだまだいるよ！

魅力いっぱいの仲間たちを紹介します☆

美しい魚たち

気持ちよさそうにすいすい泳ぐ魚たちは、やさしい気持ちにさせてくれます。

人気者のタンク

動画の再生回数も1、2を争うタンク。ペンギンが家にいるって、すごい！

外プール

裏庭のプールで、運動をかねて。広さも十分にあり、たくさんの動物が泳げます。

スィ〜〜♪
スィ〜〜♪
スィス〜イ♪

ドライ中☆

まずはしっかりセルフでブルブル！　その後タオルドライ→ドライヤーで完成☆

大きくなったでしょ？

パルアと
ペコル♡
タンク兄ちゃん、
遊んで～

2022年秋から“あにまるず”の仲間になりました！

“あにまるず”で、楽しく、幸せに暮らしています♡

監修

あにまるず Animals

YouTube登録者64万人、TikTok登録者24万人（2023年5月現在）。
動物お姉さん「あいるん」と超絶イケてる「えーし」がお届けする動物たちとのドタバタな日常を記録したYouTubeチャンネルです！ カワウソやペンギンといった動物園に訪れたりしないとなかなか見られないエキゾチックアニマルといわれる珍しい動物たちと一緒に暮らしています。
YouTubeチャンネル：
https://www.youtube.com/channel/UCGkxhoVGXHXxHx-TKkacb2Q
TikTokアカウント：https://www.tiktok.com/@ashianimals
Twitterアカウント：https://twitter.com/animals323

STAFF

協力 …… 柳 成彦（株式会社BitStar）
表紙・本文デザイン …… 野村友美（mom design）
撮影 …… 横山君絵
イラスト …… 上田惣子
編集協力 …… 佐藤友美（有限会社ヴュー企画）

あにまるず Animals
大家族は毎日やることがたくさん！

2023年6月30日　初版第1刷発行

監　修　あにまるず Animals

発行者　角竹輝紀
発行所　株式会社マイナビ出版
〒101-0003
東京都千代田区一ツ橋2－6－3　一ツ橋ビル2F
電　話　0480-38-6872（注文専用ダイヤル）
03-3556-2731（販売部）
03-3556-2735（編集部）
E-MAIL　pc-book@mynavi.jp
URL　https://book.mynavi.jp

印刷・製本　中央精版印刷株式会社

※価格はカバーに記載してあります。
※落丁本・乱丁本についてのお問い合わせは、TEL0480-38-6872（注文専用ダイヤル）か、電子メールsas@mynavi.jpまでお願いいたします。
※本書について質問等がございましたら、往復はがきまたは返信切手、返信用封筒を同封のうえ、（株）マイナビ出版事業本部編集第2部書籍編集1課までお送りください。
お電話でのご質問は受け付けておりません。

ISBN 978-4-8399-8201-0